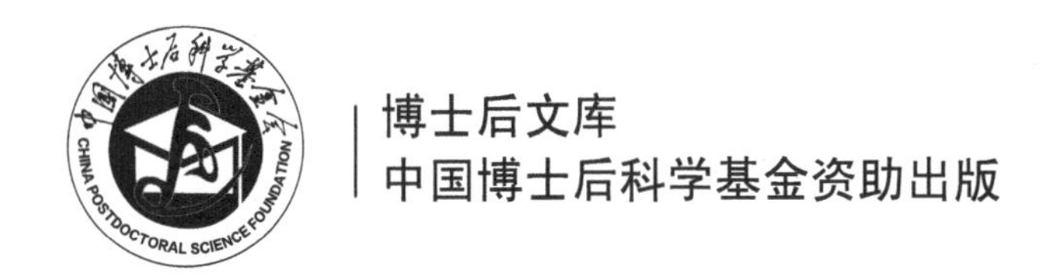

竹材纤维及细胞壁力学性能

黄艳辉 著

本书受国家自然科学基金青年项目“竹纤维的多壁层结构与关键化学组分对湿热处理的响应机制(31500472)”和面上项目“竹材的纹孔特征(31770599)”资助。

科学出版社

北京

内 容 简 介

基于竹材细胞壁的壁层结构及微纳观力学的研究，是竹材材性研究的前沿领域，也是探索竹材复杂力学行为的重要途径之一。本书基于目前最新、最前沿、最全面的壁层结构及微纳观力学测试技术，研究了竹材纤维、薄壁细胞及导管的壁层结构，重点研究了竹材纤维细胞壁的力学特性，分析影响竹材细胞壁力学特性的主要影响因子，并与木材细胞壁的力学特性进行对比，探索发育过程对竹材细胞壁力学行为的影响机制。研究结果将有助于深刻理解竹材卓越的力学特性，促进木材科学与技术学科在竹材微观力学方面的发展。

本书具有很高的应用价值，适合木材科学与技术、林产化工及制浆造纸等领域的研究人员，以及相关专业师生阅读。

图书在版编目(CIP)数据

竹材纤维及细胞壁力学性能 / 黄艳辉著. —北京：科学出版社，2019.11

(博士后文库)

ISBN 978-7-03-062708-7

Ⅰ. ①竹…　Ⅱ. ①黄…　Ⅲ. ①竹材-植物纤维-研究　②竹材-细胞壁-力学性能-研究　Ⅳ. ①S781.9

中国版本图书馆CIP数据核字(2019)第242297号

责任编辑：张会格　孙　青 / 责任校对：郑金红
责任印制：赵　博 / 封面设计：刘新新

科学出版社 出版
北京东黄城根北街16号
邮政编码: 100717
http://www.sciencep.com

中煤（北京）印务有限公司印刷
科学出版社发行　各地新华书店经销

*

2019年11月第　一　版　开本：720 × 1000　1/16
2025年 1 月第三次印刷　印张：8 3/4
字数：176 000

定价：98.00 元

(如有印装质量问题，我社负责调换)

《博士后文库》编委会名单

《博士后文库》序言

1985 年，在李政道先生的倡议和邓小平同志的亲自关怀下，我国建立了博士后制度，同时设立了博士后科学基金。30 多年来，在党和国家的高度重视下，在社会各方面的关心和支持下，博士后制度为我国培养了一大批青年高层次创新人才。在这一过程中，博士后科学基金发挥了不可替代的独特作用。

博士后科学基金是中国特色博士后制度的重要组成部分，专门用于资助博士后研究人员开展创新探索。博士后科学基金的资助，对正处于独立科研生涯起步阶段的博士后研究人员来说，适逢其时，有利于培养他们独立的科研人格、在选题方面的竞争意识以及负责的精神，是他们独立从事科研工作的“第一桶金”。尽管博士后科学基金资助金额不大，但对博士后青年创新人才的培养和激励作用不可估量。四两拨千斤，博士后科学基金有效地推动了博士后研究人员迅速成长为高水平的研究人才，“小基金发挥了大作用”。

在博士后科学基金的资助下，博士后研究人员的优秀学术成果不断涌现。2013 年，为提高博士后科学基金的资助效益，中国博士后科学基金会联合科学出版社开展了博士后优秀学术专著出版资助工作，通过专家评审遴选出优秀的博士后学术著作，收入《博士后文库》，由博士后科学基金资助、科学出版社出版。我们希望借此打造专属于博士后学术创新的旗舰图书品牌，激励博士后研究人员潜心科研，扎实治学，提升博士后优秀学术成果的社会影响力。

2015 年，国务院办公厅印发了《关于改革完善博士后制度的意见》（国办发〔2015〕87 号），将“实施自然科学、人文社会科学优秀博士后论著出版支持计划”作为“十三五”期间博士后工作的重要内容和提升博士后研究人员培养质量的重要手段，这更加凸显了出版资助工作的意义。我相信，我们提供的这个出版资助平台将对博士后研究人员激发创新智慧、凝聚创新力量发挥独特的作用，促使博士后研究人员的创新成果更好地服务于创新驱动发展战略和创新型国家的建设。

祝愿广大博士后研究人员在博士后科学基金的资助下早日成长为栋梁之材，为实现中华民族伟大复兴的中国梦做出更大的贡献。

中国博士后科学基金会理事长

《博士后文库》序言

1985年，在李政道先生的倡议和邓小平同志的亲自关怀下，我国建立了博士后制度，同时设立了博士后科学基金。30多年来，在党和国家的高度重视下，在社会各方面的关心和支持下，博士后制度为我国培养了一大批青年高层次创新人才。在这一过程中，博士后科学基金发挥了不可替代的独特作用。

博士后科学基金是中国特色博士后制度的重要组成部分，专门用于资助博士后研究人员开展创新探索。博士后科学基金的资助，对正处于独立科研生涯起步阶段的博士后研究人员来说，适逢其时，有利于培养他们独立的科研人格、在选题方面的竞争意识以及负责的精神，是他们独立从事科研工作的"第一桶金"。尽管博士后科学基金资助金额不大，但对博士后青年创新人才的培养和激励作用不可估量。四两拨千斤，博士后科学基金有效地推动了博士后研究人员迅速成长为高水平的研究人才，"小基金发挥了大作用"。

在博士后科学基金的资助下，博士后研究人员的优秀学术成果不断涌现。2013年，为提高博士后科学基金的资助效益，中国博士后科学基金会联合科学出版社开展了博士后优秀学术专著出版资助工作，通过专家评审遴选出优秀的博士后学术著作，收入《博士后文库》，由博士后科学基金资助、科学出版社出版。我们希望，借此打造专属于博士后学术创新的旗舰图书品牌，激励博士后研究人员潜心科研，扎实治学，提升博士后优秀学术成果的社会影响力。

2015年，国务院办公厅印发了《关于改革完善博士后制度的意见》（国办发〔2015〕87号），将"实施自然科学、人文社会科学优秀博士后论著出版支持计划"作为"十三五"期间博士后工作的重要内容和提升博士后研究人员培养质量的重要手段，这更加凸显了出版资助工作的意义。我相信，我们提供的这个出版资助平台将对博士后研究人员激发创新智慧、凝聚创新力量发挥独特的作用，促使博士后研究人员的创新成果更好地服务于创新驱动发展战略和创新型国家的建设。

祝愿广大博士后研究人员在博士后科学基金的资助下早日成长为栋梁之才，为实现中华民族伟大复兴的中国梦做出更大的贡献。

中国博士后科学基金会理事长

前　言

“宁可食无肉，不可居无竹”。从古至今，竹子一直备受人们的喜爱和推崇，不仅占据着文人墨客的精神高地，而且在国计民生、衣食住行中发挥着日益重要的作用。

竹材作为第二森林资源，与木材类似，且比木材生长迅速，在抗拉强度、纵向抗压、韧性等方面有着比木材更为优异的性能，有着“竹钢”的美誉。近年来，随着“天保工程”的实施，木材的砍伐受限，人们对天然环保材料的喜爱却与日俱增，“以竹代木、以竹胜木”已然成为竹材行业发展的新机遇。

竹属于禾本科，与木不同，比草干形高大、木质化程度高，因此，有着非草非木的独特特性。这些特性与竹材细胞壁的壁层结构及化学成分分布密切相关，使其具有独特的微纳观结构及力学特性，因此，竹材不仅应用于传统的家具、建筑、室内装饰材料，还应用于新兴的生物基复合材料、光电储能材料、医用仿生材料等高科技领域。

为了更好地利用竹材，也为了深刻理解竹材卓越的力学特性，促进木材科学与技术学科在竹材微观力学方面的发展，特编撰此书。全书共分八章，第一章绪论系统介绍了我国的竹材概况、宏微观构造、化学成分及力学性能；第二章论述了竹材细胞壁的壁层结构；第三章撰写了竹材单根纤维的力学性能；第四章分析了竹材单根纤维力学性能的主要影响因子；第五章介绍了竹材细胞壁的各项力学性能；第六章论述了竹材细胞壁力学性能的主要影响因子；第七章对竹木材细胞壁的力学特性进行了横向对比；第八章讨论了发育过程中竹材细胞的力学行为。国际竹藤中心费本华研究员、中国林业科学研究院木材工业研究所赵荣军研究员等为本书的出版提出了很多建设性意见；冯启明、叶翠茵、李帆、刘颖等研究生参与了本书的资料收集、图表制作、书稿校对以及后期处理等工作，在此一并表示衷心感谢。

由于时间比较仓促，加上编者的水平有限，不足之处，恐难避免，恳请各位专家、读者提出宝贵意见。

作　者

2019 年 3 月

目　录

第一章　绪　　论

千百年来，竹子与人类的生活息息相关，深深地影响着人们日常生活的衣食住行，还强烈地影响着我们的精神需求。“宁可食无肉，不可居无竹”，而今，竹材从传统家具、建筑、装饰材料，发展到现今的工程竹材料、生物质复合材料、高科技的竹缠绕管等材料，这无疑都与竹材优异的生物结构和细胞壁力学性能密切相关。

基于竹材细胞壁的壁层结构及微纳观力学的研究，是竹材材性研究的前沿领域，也是探索竹材复杂力学行为的重要途径之一，对促进木材科学与技术学科在竹材微观力学方面的发展，深刻理解竹材卓越的力学特性，实现竹材高附加值利用具有十分重要的意义。

第一节　我国竹材概况

竹类植物种类繁多，分布范围广，生长面积大、速度快，经济价值高、潜力大，是公认的第二森林资源，也是世界植物资源的重要组成部分。我国的竹子品种、面积、蓄积量、产量、种类、加工利用水平以及国际市场贸易量均居世界首位。因此，在国民经济中，竹材一直发挥着举足轻重的作用。

与木材相比，竹材生长迅速，在抗拉强度、纵向抗压、韧性等方面有着更为优异的性能，素有“竹钢”的美誉。早在殷商时代，竹材就被用来做箭矢、书简和竹器；在秦代，它被制作成竹笔，一直沿用至今；傣族人还用它建竹屋、竹楼等。近年来，随着人们对天然材料的喜爱与日俱增，竹阁楼、竹亭、竹户外地板、竹木复合建筑已然成为竹材加工、园林景观、别墅建筑行业发展的新宠。

一、我国竹材的种类和分布

我国竹子资源极为丰富，现有48属837种，约占世界竹种的51%；拥有竹林面积601万hm^2，占世界竹林面积的1/4；是世界竹资源名副其实的分布中心，分布地区遍及我国的24个省(自治区)，其中，毛竹(*Phyllostachys heterocycla* var. *pubescens*)资源最为丰富。

竹子的分布具有明显的地带性和区域性，主要有分布于北纬30°～40°的黄河-长江竹区的刚竹属、苦竹属、箭竹属、赤竹属等属的一些竹种；分布于北纬25°～30°的长江-南岭竹区的刚竹属、苦竹属、箭竹属、赤竹属等属的一些竹种，该区竹林面积最大，资源最为丰富；分布于北纬10°～20°的华南竹区的簕竹属、牡竹属、酸竹属、藤竹属等属的竹种；分布于西南高山竹区的方竹属、箭竹属、玉山竹属、慈竹属等属的一些竹种。

二、我国竹材的加工利用现状

中国是竹子大国，是世界上第一大竹产品生产国和出口国，出口额超过全球竹产品的60%，并长期占据出口量第一的位置，产品远销美国、加拿大、法国、日本、意大利等国家。2016年，我国竹产业总产值达到2109亿元人民币(约合300多亿美元)，占世界竹产品贸易总额的60%以上，且增长迅速，年增长率超过15%。

随着现代制造业的迅速发展，我国的竹产品逐渐涵盖了家具与室内装饰(图1-1)、园林建筑、纸浆造纸、包装运输、食品、纺织、化工、医药等十多个行业领域，涉及100多个系列、近万种产品。例如，在家具与室内装饰领域，常利用竹材颜色清新淡雅、花纹美丽独特、柔韧易弯曲、抗压性能优异的特点，而把其加工成竹摇椅、竹书桌、竹薄木饰面衣柜、碳化竹室内地板、重组竹户外地板、功能性竹凉席、竹帘饰面护墙板、竹质吸音板、全竹线条和踢脚线等产品。在园林建筑领域，常利用竹材源自天然的特性，建造全竹的亭、台、楼、榭，使人造建筑与大自然的风景融为一体，和谐而又美丽。可以说，竹材通过现代化的板材加工和连接技术，已经完全突破了径级和尺寸的限制，传统上木材可以加工制造的产品，利用竹材也完全能够实现，且颜值和质量丝毫不逊色。

图1-1　现代竹制品

在知识产权方面，我国也走在世界前列。相关资料表明，我国竹子相关的专利达到6000多件，约占全世界竹子专利的50%；我国现存竹子相关的标准200多项，占全世界竹子相关标准的85%，其他国家标准仅30余项。现今，竹子方面的国际标准也在不断推进，尤其在“两山理论”、“一带一路”和“中非合作”的大背景下，中国标准正在走向非洲并引领非洲竹材料相关行业的快速发展。

第二节 竹材的宏微观构造

竹材主要是指竹子的竹秆，它是竹子作为材料使用时利用价值最大的部分，也是竹材加工利用的主体。竹秆是竹子位于地表之上的茎的主干，一般呈圆而中空的圆柱状。由于竹子是生物性材料，种类不同，竹秆的高度、径级、竹壁厚度和竹节的数量差异很大，即使是同一竹种，由于地理位置和气候等差异，竹秆的各项性能也不一样。

竹秆包括竹节和节间两部分，竹节的节隔把竹秆分隔成大小不一的空腔，称为髓腔。它周围的壁称为竹壁。习惯上，常将竹壁的不同部位自表皮外向内依次称为竹青、竹肉和竹黄。在竹秆的节间，竹材内的维管束呈平行排列，赋予竹材优异的抗压及抗拉性能，而至竹节处，维管束发生弯曲并纵横交错形成节隔，该结构使竹材在横向上具备了一定的水分、养料输导和力学增强的能力。

一、宏观构造

竹材的宏观构造是指在肉眼或者10倍放大镜下能直接观察到的竹材的结构。在秆茎竹壁的横切面上，呈深色的花形斑点，并在纵切面上呈现出顺纹股状排列的组织，称为维管束。维管束的周围是基本组织，越靠近竹青，维管束分布越密，基本组织越少，故其质地致密，密度以及力学强度较大。相反，越靠近竹黄，维管束越稀少，密度和力学强度也较低(图1-2)。

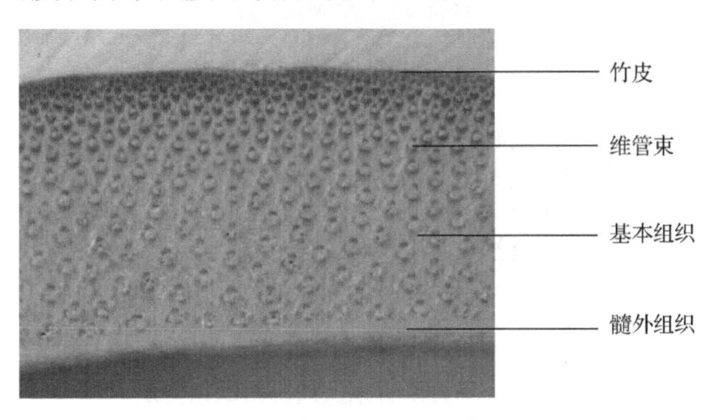

图1-2 竹壁横切面宏观构造(毛竹)

竹壁由竹皮、竹肉和髓外组织组成(图1-2)。竹皮是竹壁横切面上看不到维管束的最外侧部分，常含有硅质和蜡，对竹材的生长起着保护作用。髓外组织是竹壁邻接竹腔的部分，也不含维管束。竹肉是竹皮和髓外组织之间的部分，在横切面上不仅含有维管束，还含有基本组织。在肉眼下可以看到花形斑点的维管束分布于基本组织之中，并沿竹青向内，逐渐减少。这种以维管束为增强体，基本组织为基质的复合体，又以近似梯状的分布，赋予了竹材天然的独特的力学特性，使其得以在短时间的生长期内高高直立而不倾弯。

二、微观结构

显微镜下，可看到竹材是由表层系统、基本系统和维管组织组成。其中，表层系统是竹皮，位于秆茎的最外方。生产上说的竹青即为表层系统，在加工利用时，常常因为影响胶合和颜色而被除去。基本系统包含基本组织、髓环和髓。

表皮层由长形细胞、硅质细胞、栓质细胞和气孔器构成。长形细胞占大部分表面积，纵向排列。硅质细胞和栓质细胞插生于长形细胞的纵列之间，形状短小，且常成对结合。硅质细胞顶角朝内，呈近三角状，并含硅质；栓质细胞小头向外，呈梯状。皮下层和皮层均是由纵向排列的柱状细胞所组成。由表皮层、皮下层和皮层组成的表层系统保护了竹材不受生物入侵及真菌、细菌的危害，且合理调控着竹材内的水分蒸发。

维管组织主要是指维管束，它散布在竹壁的基本组织之中，在横切面上一般呈四瓣梅花状。在显微镜下最易察觉的是一对对外观像眼睛形状的孔状细胞(图 1-3 中细胞腔最大的两个导管)，这就是维管束内的后生木质部。初生木质部和初生韧皮部分布在后生木质部的上下两侧。散生竹竹材维管束四周是纤维鞘，向秆壁外侧为外部纤维帽，向内为内方纤维帽，位于维管束两侧的为侧方纤维帽。从生竹与散生竹维管束的结构不同，从生竹维管束的内方或内、外两方还有一个或两个分离的纤维。

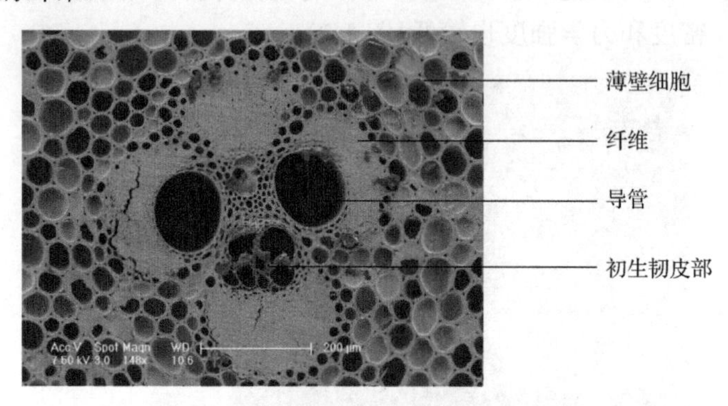

图 1-3　毛竹维管束及周围组织结构图

维管组织主要由壁厚腔小的竹材纤维(简称竹纤维)组成，另外，还含有细胞腔最大的导管和由筛管及伴胞组成的初生韧皮部(图 1-3)。竹纤维长径比大，壁厚腔窄，赋予了竹材较好的力学性能，是竹材最为重要的细胞。一般而言，成熟的毛竹纤维为厚壁细胞，两端尖削，结构致密，长度为 1.5～4.5 mm，长宽比多数大于 150，直径约为 15 μm，中部中空的内腔径仅为 1～3 μm。

竹纤维细胞的细胞壁结构复杂，由微米级的厚层和纳米级的薄层重复交替复合而成。如图1-4所示，细胞壁的最外层是初生壁P，微纤丝呈网状无序排列(Liese，1998)。向内是占壁厚90%以上的次生壁S，次生壁最外层S0层的厚度较薄，微纤丝角较大，木质素浓度高，向内相邻层的微纤丝角较小，壁层较厚，木质素浓度低，往内依次重复薄厚层交替结构，次生壁的壁层数量可达10层以上(Parameswaran and Liese，1976)。壁层的数量与竹种、竹龄、纤维在竹材中的部位有关，最多时可达18层。厚薄层的微纤丝取向不相同，厚层中的微纤丝基本沿纤维轴向取向，且其微纤丝角由外向腔内呈增大的趋势；薄层中的微纤丝取向基本与纤维轴向相垂直，微纤丝角度较大，层厚一般在100 nm以下(Khalil *et al.*，2012)。作者研究发现，成熟毛竹纤维次生壁所含薄层的微纤丝角为30°～60°，而厚层的微纤丝方向与纤维轴方向接近，其微纤丝角为5°～15°。竹纤维独特的厚薄层交替的多壁层结构是竹材优良力学特性的物质基础。

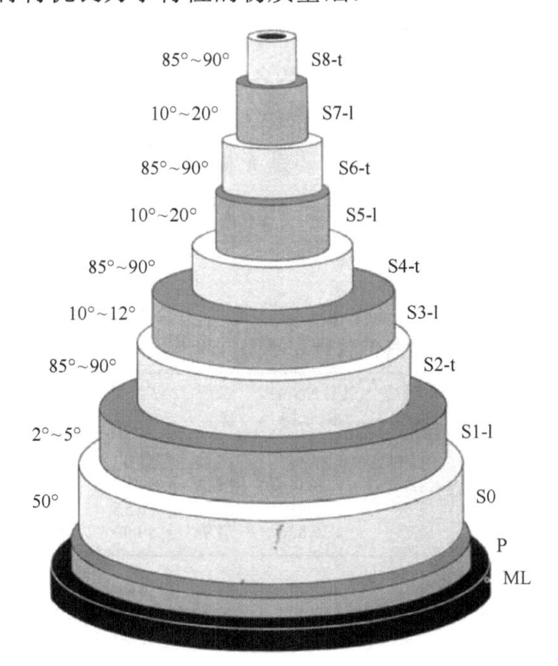

图1-4 竹纤维细胞壁的壁层结构模型

S1-l、S3-l、S5-l、S7-l表示厚层；S2-t、S4-t、S6-t、S8-t表示薄层；ML指中间层

导管与纤维类似，其次生壁也是多壁层结构，微纤丝角呈大小交替变化，奇数层微纤丝角较小，而偶数层微纤丝角与纵轴几乎垂直。这种特殊的结构，使竹纤维疏导水分和养料的同时，又对横向受力产生了一定的抵制作用，是竹材长期适应自然的结果。

基本系统主要由薄壁细胞所组成，主要分布在维管束之间，相当于填充物或缓冲物，是竹材组织的基本部分，使竹材具备了良好的韧性、劈裂性能和缓冲性能。一般而言，薄壁细胞较大，细胞壁较薄，于横切面上呈现出近似的圆形，且细胞间隙明显，多含单纹孔(图 1-3)。依据纵切面的形态，将薄壁细胞分为长形细胞和短细胞。长形细胞的细胞壁有多层结构，在笋生长的早期阶段已木质化，其胞壁中的木质素含量高，胞壁上并出现瘤层。而短细胞的胞壁薄，且具有浓稠的细胞质和细胞核，即使在成熟秆茎中也不木质化。薄壁细胞也是多层结构，其次生壁的微纤丝角也呈大小交替变化，但壁厚变化无规律。在整个竹秆中，竹纤维和薄壁细胞是竹子的最主要组成部分，占竹材体积的 90%以上。

第三节　竹材的化学成分

竹材的主要化学成分是纤维素、半纤维素和木质素。其中，纤维素大分子链聚集成排列有序的微纤丝束，存在于细胞壁中，组成竹材的骨架物质；半纤维素渗透在骨架物质之中，以无定形状态存在，与纤维素和木质素相连，起着“黏合剂”的作用；木质素填充于纤维素骨架的各级孔隙中，增强着细胞壁的机械强度，充当着“填充剂”。三种成分的质量占竹材总质量的 80%～95%。另外，竹材中还含有少量的抽提物和灰分，抽提物主要是无机盐、淀粉、果胶质、糖类、单宁、萜烯类、树脂酸、酚类、甾醇、蜡、色素、香精油等，这些物质会随着竹种、生态环境以及竹材木质化生长过程的不同而发生变化。表 1-1 是三种竹材在不同竹龄时期的化学成分变化数据。

表 1-1　我国三种竹种的竹秆在不同竹龄阶段的化学成分　　(单位：%)

竹秆	灰分	冷水提取物	热水提取物	苯醇提取物	1% NaOH 提取物	综纤维素	α-纤维素	硫酸木质素	戊聚糖	附注	
毛竹	1.77	5.41	3.26	1.60	27.34	76.62	61.97	26.36	22.19	半年生	浙江安吉
	1.13	8.13	6.34	3.67	29.34	75.07	59.82	24.77	22.97	一年生	
	0.69	7.10	5.41	3.88	26.91	75.09	60.55	26.20	22.11	三年生	
	0.52	7.14	5.47	4.78	26.83	74.98	59.09	26.75	22.04	七年生	
青皮竹	2.39	6.64	8.03	4.59	32.27	77.71	51.96	18.67	22.22	半年生	浙江安吉
	2.08	6.30	7.55	3.72	30.57	79.39	50.40	19.39	20.83	一年生	
	1.58	6.84	8.75	5.43	28.01	73.37	45.50	23.81	18.87	三年生	
粉单竹	2.37	8.10	9.70	4.16	35.17	79.00	47.63	17.58	23.91	半年生	浙江安吉
	2.10	8.07	9.46	4.35	29.97	73.72	47.76	21.41	18.72	一年生	
	1.50	6.34	9.24	3.98	30.57	71.70	43.65	22.70	18.88	三年生	

注：毛竹(*Phyllostachys heterocycla* var. *pubescens*)；青皮竹(*Bambusa textiles*)；粉单竹(*Linhnania chungii*)。

一、纤维素

纤维素是植物纤维原料的最主要化学成分，也是自然界中资源最丰富的有机物之一。它是竹材细胞壁的主要组成成分，与半纤维素及木质素一起构成了竹材的细胞壁。研究表明，毛竹中的纤维素含量达到44%，慈竹约为56%，刚竹为47%左右，淡竹为48%，且多随竹龄变化而改变。

如图1-5所示，纤维素是β-D-葡萄糖基通过1,4-糖苷键连接而成的线状高分子聚合物(Habibi *et al.*，2010)。天然纤维素的聚合度一般高于1000，有的甚至可达几万到几十万。在竹材中，纤维素一般以微纤丝(microfibril)的形式存在，每条微纤丝的横截面平均含有36条β-D-葡聚糖链，这些糖链之间通过氢键结合形成直径5～10 nm的高度定向的结晶结构，上千条葡聚糖链彼此连接形成一条长度可达几百微米的微纤丝，该微纤丝甚至可以穿越纤维素的多个结晶区以及非结晶区。

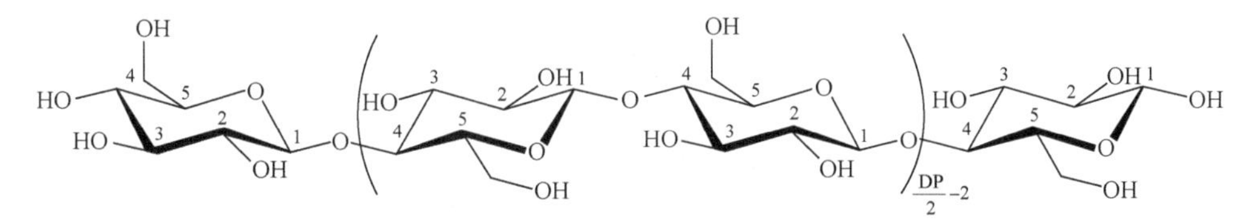

图1-5　纤维素的化学分子结构

纤维素大分子的聚集，一部分的分子排列比较整齐，称为结晶区；另一部分的分子链排列比较松弛，但取向大致与纤维主轴平行，称为无定形区。结晶区对力学强度的贡献大。在纤维素的结晶区旁存在着相当多的孔隙，一般大小为100～1000 nm，最大的达10 000 nm。竹材的改性一般都是针对结构疏松的非结晶区。天然纤维素的结晶结构为单斜晶体的纤维素Ⅰ结构。

在纤维素的每个葡萄糖基上，含有3个羟基，分别位于葡萄糖基环的2位、3位、6位。其中，2位、3位属于仲醇羟基，6位属于伯醇羟基。这些羟基的存在对纤维素的氧化、酯化、醚化和接枝共聚等化学性质，以及纤维素分子之间的氢键作用产生着重要的影响。例如，纤维素纤维的润胀及溶解与氢键直接相关。

纤维素上的游离羟基对极性溶剂和溶液有很强的吸引力。水分子呈极性，可进入纤维素的无定形区，并与纤维素上的羟基形成氢键“结合水”；当纤维素的吸湿率达到纤维饱和点以上时，水分子可以继续通过多层吸附进入纤维的细胞腔及各级孔隙中，形成毛细管水或多层吸附水，也称“游离水”。结合水的水分子由于受纤维素羟基的吸引，呈定向排列，密度较高，能降低电解质的溶解能力从而使冰点下降，并使纤维素发生润胀。

纤维素本身含有呈负电性的糖醛酸基、极性羟基等基团，可用带正电的碱性染料直接进行染色。若用酸性染料，则必须加入媒染明矾来改变纤维表面的电性，才能使染料被纤维吸附，从而达到染色的目的。

纤维素的降解反应有酸水解、碱水解、氧化降解、微生物降解以及热降解。酸水解降解主要是相邻葡萄糖单体间的糖苷键被酸裂解。碱水解反应则是部分配糖键发生断裂导致的聚合度下降。氧化降解主要发生在葡萄糖基环的C2、C3、

C6位的游离羟基上，同时也发生在纤维素还原性末端基的C1位置上。纤维素的热降解过程，在低温阶段(120～250℃)，主要在无定形区发生解聚、水解、氧化、脱水和脱羧基反应。结晶度越小的样品受热降解越迅速。低温条件下会出现环间或环内的脱水，环间脱水可以增加稳定的醚连接，环内脱水将得到一种酮-烯醇互变异构体。在高温阶段，物质迅速挥发，伴随形成左旋葡聚糖，并形成炭黑。

二、半纤维素

半纤维素是由两种或两种以上糖基组成的复合聚糖的总称，其糖基主要有：D-木糖基、D-葡萄糖基、D-甘露糖基、D-半乳糖基、L-阿拉伯糖基、D-半乳糖醛酸基、D-葡萄糖醛酸基、4-*O*-甲基-D-葡萄糖醛酸基，还有少量的L-鼠李糖基、L-岩藻糖基及各种带有甲氧基、乙酰基的中性糖基。乙酰基以乙酸酯的形式存在，常因酸水解或碱水解而容易变成乙酸或盐类。大多数半纤维素还带有各种短的数量不等的支链，但主要还是线状的，为无定形的聚合度较低(小于200，多数为80～120)的物质，且含有大量的可及性强的羟基，这些羟基极易吸水润胀，因此，竹材及竹制品在制造和使用过程中的干缩湿胀及尺寸变形主要是受其中所含的半纤维素的影响。

竹材中的半纤维素90%以上是D-葡萄糖醛酸基阿拉伯糖基木聚糖，它包含4-*O*-甲基-D-葡萄糖醛酸、L-阿拉伯糖和D-木糖，其分子比为1.0∶1.0～1.3∶24～25(图1-6)。竹材与针叶、阔叶材的阿拉伯糖基木聚糖在糖的组成比上有所不同，此外竹材木聚糖的聚合度比木材高。竹材中戊糖含量为19%～23%，接近阔叶木材的戊糖含量，比针叶木材(10%～15%)高得多。

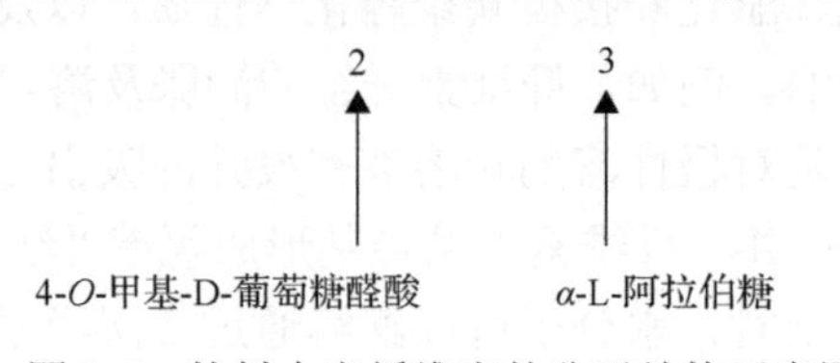

图1-6　竹材中半纤维素的分子结构示意图

半纤维素的水解与纤维素的水解一样，但反应情况更为剧烈和复杂。半纤维素在酸性介质中会因苷键裂开而发生降解；在碱性介质下也会发生碱性水解与剥皮反应。竹材造纸就是利用竹材中的半纤维素易水解的性质进行制浆和打浆的。竹材的染色也是利用所含半纤维素及抽提物的酸碱性进行着色处理的。

在加热条件下，半纤维素会发生降解，且开始降解的温度在三种主成分中是最低的，降解幅度也是三种主成分中最大的，约从120℃开始，在有水存在的条件下，会在更低的温度下发生软化，随后在软化点上进行降解。半纤维素开始热解的反应与纤维素类似，首先是苷键开裂解聚，伴随着氧化、脱水和脱羧基反应。

三、木质素

木质素是纯天然的有机高分子聚合物，在自然界的分布和含量仅次于纤维素。木质素占竹材质量的 15%～25%，在竹材细胞壁中起加固和填充作用，在胞间层中起着黏结相邻两细胞的作用。按照 GB/T 2677.8—1994《造纸原料酸不溶木素含量的测定》，4 年生四川宜宾产毛竹的硫酸木质素含量约为 29%。

木质素是芳香族天然高分子聚合物，由苯基丙烷结构单元通过碳—碳键、醚键连接而成，呈三维网状支链结构。木质素包含三种基本结构单元，即愈创木基、紫丁香基和对羟苯基结构单元(图 1-7)。原材料不同，木质素的含量及组成也不同。例如，针叶材的木质素结构单元是愈创木基丙烷，阔叶材的木质素结构单元是紫丁香基和愈创木基丙烷，而竹材中不仅含有愈创木基和紫丁香基丙烷结构单元，还含有少量的对羟苯基丙烷结构单元。

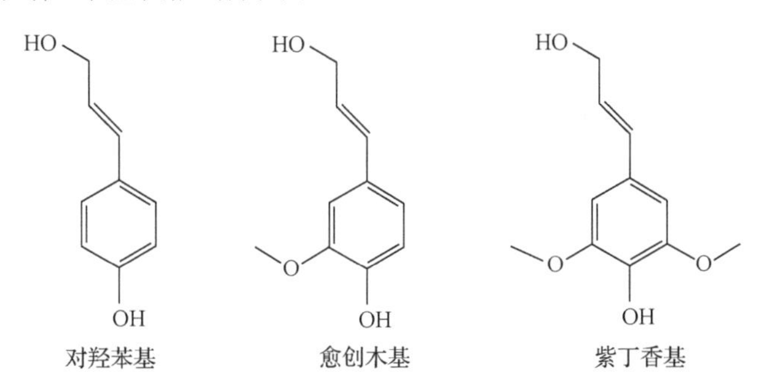

图 1-7　木质素的基本结构单元示意图

木质素的基本结构单元之间有多种结合形式，有甲氧基(—OCH_3)、羟基(—OH)、羰基(—CO)等多种功能基，在竹材内构成不规则分布的呈立体网状分布的无定形高分子。其中，甲氧基是木质素最有特征的功能基之一。木质素中的甲氧基一般比较稳定，但在高温作用下，如竹片用氢氧化钠或硫酸盐法蒸煮时，木质素甲氧基中的甲基将裂开，从而形成甲醇。一般来讲，针叶材木质素的甲氧基含量为 14%～16%，阔叶材为 19%～22%，草类与针叶材接近，为 14%～15%。

羟基是木质素中的最重要的功能基之一，按其存在的状态分为两种类型：一种是存在于木质素结构单元苯环上的酚羟基；另一种是存在于木质素结构单元侧链上的脂肪族羟基。存在于苯环上的酚羟基，有一小部分是以游离酚羟基的形式存在，但大部分是与其他木质素结构单元相连接，呈醚化了的形式。

木质素苯基丙烷结构单元之间以醚键或碳—碳键相连接，其中，醚键是木质素各个结构单元间的最主要连接键型。在木质素的大分子结构中，有 60%～70% 的苯丙烷单元以醚键的形式与相邻的单元相连，而其余则以碳—碳键的形式相互连接。

在醚键连接中，按其类型可分为酚醚键(包括二芳基醚与烷基芳基醚)和二烷基醚键。木质素结构中，酚醚键连接是醚键的主要形式，是苯基丙烷结构中苯核的第四个碳原子与另一个苯基丙烷单元侧链以醚键形式连接；如果连在另一个结构单元侧链的 α 位置上，则称为 α-烷基芳基醚键，简称为 α-O-4 连接；如果连在 β 位置上，则称为 β-烷基芳基醚键；简称为 β-O-4 连接(图 1-8、图 1-9)。

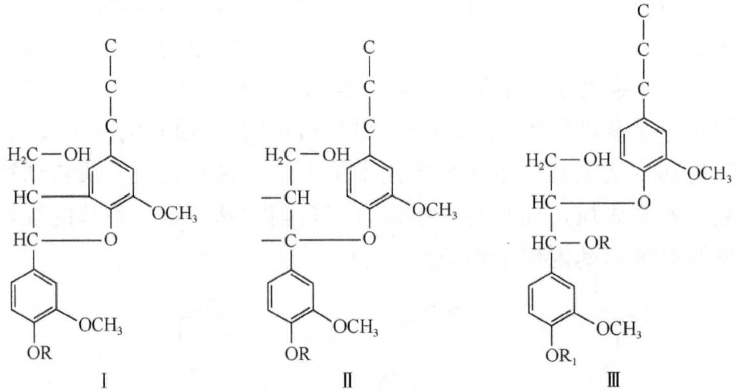

Ⅰ 苯基香豆满　　Ⅱ 愈创木基-甘油-α-烷基芳基醚　　Ⅲ 愈创木基-甘油-β-烷基芳基醚

图 1-8　木质素中醚键的主要类型

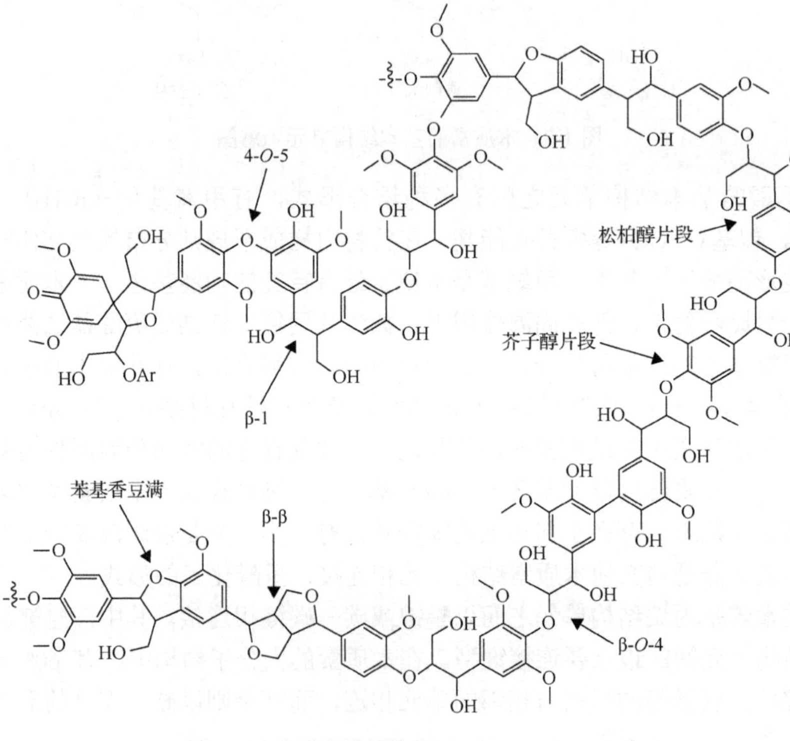

图 1-9　木质素的结构(Zakzeski *et al.*，2010)

当木质素经化学处理，或在制浆过程中受蒸煮药液作用时，该结构的醚键易断开，导致木质素大分子的破碎降解。因此，该结构在木质素的溶解与碎解过程中发挥着极其重要的作用。竹材在高温水热或湿热处理时，*β-O*-4 键极不稳定，很容易发生断裂，且与温度相关。

木质素大分子的形状类似于球状或块状，相对分子量在几百至几百万之间。天然的木质素是不存在的，各种纯的木质素都是通过不同的化学分离方法得到的，其相对分子量因分离的方法和条件而异。至今，对木材、竹材木质素的结构还没有定论。

木质素和半纤维素类似，均是热塑性高分子化合物，在玻璃化温度以下，木质素呈玻璃固态。但若在玻璃化温度以上，分子键发生运动，木质素发生软化(软化点 130～210℃)后具有弯曲变形的能力。当木质素吸水润胀时，软化点可降到80℃以下，此时可用水煮或气蒸的方法，来软化和加工竹材。生产上，竹材的弯曲、软化、薄木切削、热压定型等生产过程的顺利实施，均由木质素的热塑性和软化温度所决定。

第四节 竹材的力学性能

以现代复合材料的观点来看，竹材是神奇的复合材料结构设计大师——大自然——最具代表性的杰作之一，具有从亚细胞水平、细胞水平、组织水平到宏观尺度的多尺度、多级复合结构，使其具备优良的力学特性而被广泛应用于室内家具材料、户外地板材料、建筑工程材料、竹缠绕管工程材料等领域。

一、宏观力学性能

竹材的力学性能是指竹材抵抗外力作用的能力，主要有抗拉、抗压、抗弯强度、硬度、耐磨性、抗剪切性能、抗劈裂性等。

宏观上，与同样是各向异性的木材相比，竹材的抗拉强度远超 20 年生成熟的木材，横纹断裂韧性与铝合金相当，比强度是钢材的 3～4 倍，弯曲延展性是云杉(*Picea rubens*)的 3.5 倍，抗压强度比木材高 10%，集高强、高韧、高延展性为一身，被誉为“植物钢铁”。因此，常被加工成各种复杂的异形结构制品，以及工程风电叶片、发电站冷凝装置等高科技制品。

由于竹材是各向异性材料，三个方向的力学性质差异较大。例如，竹材的顺纹抗拉强度远大于横纹抗拉强度；又如，竹材的纵向抗压强度远大于横向抗压强度，顺纹抗劈裂性远远小于横纹抗劈裂性。

竹材的力学性质会随含水率、竹秆部位、竹种、竹龄和立地条件的变化而变化。一般而言，影响竹材宏观力学性能的主要因素是密度和含水率。竹材密度越大，力学性质越好。在纤维饱和点以下时，含水率越低，力学性能越强，但含水率低于 8%时，力学性能反而下降。当在纤维饱和点以上时，竹材力学性能比较稳定，保持一定值。这是因为，竹材对外力的抗力因结合水的增减而异，强度随结合水的增加而降低，与自由水的多少无关。其原因是，结合水可以到达细胞壁的非结晶区，与该区半纤维素中的羟基形成氢键，从而使大分子的结构内聚力发生改变，而自由水却只以水分子的状态存在于细胞腔内。

表 1-2 是几种常见竹种的不同力学性能比较，由表 1-2 可知，刚竹的抗拉性能最好，而毛竹的抗压性能最佳。如表 1-3 所示，竹龄是宏观纵向竹材力学性质的又一影响因素，随着竹龄的增加，木质化程度提高，竹材不断密实化，力学性质也相应提高。一般 2 年生以下的幼竹材质柔软，其强度较低，之后力学性质会逐年提高，4 年生以上的成熟竹材质坚韧而富有弹性，力学性质稳定在较高的水平，可以采伐利用。8 年生以上的老龄竹材质变脆，力学强度会有所降低。不同竹种达到力学稳定的年限不同，但总体来说，力学性质受竹龄影响的变化趋势基本一致。

表 1-2　不同竹材力学性能比较

种类	抗拉强度/MPa		抗压强度/MPa		取样地点
	强度	平均	强度	平均	
毛竹	194.8	208.2	64.0	48.7	湖南省石门县
刚竹	283.3		54.0		
淡竹	182.1		35.9		
麻竹	195.1		41.1		

表 1-3　毛竹竹龄对力学强度的影响　　（单位：MPa）

强度	竹龄/年						
	1	3	4	6	7	9	10
抗拉强度	132.65	195.56	182.43	177.03	188.56	181.59	181.90
抗压强度	48.07	64.08	68.12	68.12	66.11	63.60	61.43

一般来说，竹秆从基部到梢部，从竹黄到竹青，维管束密度逐渐增加，也就是起增强作用的纤维含量逐渐增加，纵向力学强度逐步增大，呈现出明显的功能梯度材料特性。研究表明，毛竹的顺纹抗拉弹性模量和顺纹抗拉强度的径向变异很大，不同位置处竹材的顺纹抗拉弹性模量为 8.49～32.49 GPa，最外层竹材的顺纹抗拉弹性模量是最内层的 3～4 倍；不同位置处竹材的顺纹抗拉强度为 115.94～328.15 MPa，最外层竹材的顺纹抗拉强度是最内层的 2～3 倍。

二、微观力学性能

一般认为，毛竹的强度源自于维管束，尤其是维管束中起力学支撑作用的竹纤维细胞。目前，研究者对竹纤维束含量及尺寸对复合材料力学性能的影响研究得较多，对竹纤维束自身力学性质的研究非常有限。这是因为，竹纤维是生物性材料，形态均匀的竹纤维束的制取非常困难，其力学测试对仪器设备的要求较高，操作困难，测试时容易发生应力集中和剪切破坏而提前失效。

日本的 Okubo 等 2004 年对竹基聚合物的力学性质进行了研究，在购买的商业竹屑片中筛选出直径为 88～125 μm、长为 50 mm 左右的竹纤维束，用 Shimadzu 微型力学试验机测定得到竹纤维束的抗拉强度为 441 MPa，弹性模量为 35.9 GPa，远远高于黄麻纤维束，指出竹纤维束的力学性质优异。另外，该研究者还尝试用蒸汽爆破法获得了力学性能更好的竹纤维束。

杨云芳和刘志坤(1996)将毛竹视为两相复合材料，通过对其薄片的拉伸测试，间接换算得到竹纤维束增强体的拉伸强度和弹性模量分别为 548 MPa 和 74.6 GPa。2009 年邵卓平和张红为对拽拉剥离得到的 60 mm 长的竹纤维束的拉伸力学性能进行了研究，得到竹纤维束的拉伸强度为 482 MPa，弹性模量为 33.9 GPa，并利用细观力学的混合定律计算了毛竹竹纤维束和基本组织的拉伸强度和弹性模量。近来，国际竹藤中心的研究团队，对竹纤维束的力学性能进行了更为深入的研究和分析。

竹纤维细胞是典型的厚壁细胞，具有初生壁和薄厚交替的多壁层次生壁的微纳米结构，这种结构赋予了竹纤维刚性强、形态平直、性能稳定的特性，是竹材优异力学特性的基础，也是竹纤维被作为复合材料力学增强相而一直备受宠爱的根本原因。

单根纤维拉伸技术是得到纤维细胞纵向力学性质的最直接测试手段。它是对化学或机械离析的单纤维直接进行轴向拉伸的技术，可以得到单根竹纤维的纵向弹性模量、抗拉强度、硬度等重要指标，还可以研究不同含水率条件下、不同改性处理条件下，竹纤维的力学响应特性。

对单根纤维细胞力学性质的研究最早可以追溯到 1925 年，Ruhlemann 经过初步研究得到了化学离析杉木(*Cunninghamia lanceolata*)管胞的断裂强度，Klauditz 等(1947)对脱木质素木材纤维的力学特性进行了一系列的研究。之后，Mark(1967)出版了《管胞的细胞壁力学》一书，加拿大制浆造纸研究院 Page 等(1971)在 *Nature* 上发表了单根针叶材管胞力学特性及其测定方法的报道，单纤维的研究迅速成为研究热点。近年来，随着研究的不断深入，单纤维拉伸过程中的微纤丝结构和化学成分变化以及影响因素被进一步揭示(Burgert *et al.*，2005a，2005b，2005c)。

国内对竹纤维的系统研究始于 2008 年，国际竹藤中心课题组及中国林业科学研究院木材工业研究所课题组在 948 项目的资助下，通过和国外合作交流，研发出第一代植物短纤维拉伸仪(余雁等，2008)。之后，作者使用该设备对毛竹纤维的纵向力学性能进行了测定(黄艳辉等，2009)，得到毛竹纤维的平均断裂载荷为

158.0 mN，纵向抗拉强度为 752.0 MPa，纵向弹性模量为 23.3 GPa，断裂应变为 3.34%。随后，国际竹藤中心课题组将植物短纤维拉伸仪的夹持和录像系统与 Instron 微型力学试验机进行技术集成，组装出了一台高精度的单纤维拉伸系统，竹纤维的纵向拉伸性能及影响因素被进一步揭示(黄艳辉等，2009)。

纳米压痕技术的出现，使力学测试上升到纳米级精度和尺度，使竹纤维细胞壁不同壁层力学性质的精确化测量成为现实。纳米压痕技术又称为深度敏感压痕技术，是最近几年发展起来的一种新技术，它可直接在材料表面进行加卸载的力学测试，从荷载压痕曲线中实时获得接触面积，再通过记录数据和曲线推出材料的弹性模量、硬度、屈服强度、蠕变等力学性能(谢存毅，2000)。

1997 年，Wimmer 等首次使用纳米压痕技术测量了云杉管胞 S2 层和中间层的纵向弹性模量和硬度，为研究单根管胞的力学特性开辟了新的研究途径。随后，Gindl 等(2002)以及 Gindl 和 Schöberl(2004)使用该技术研究了微纤丝角和木质化程度对木材管胞次生壁的纵向弹性模量和硬度的影响，发现 S2 层的纵向弹性模量是横向的 10 倍，认为玻氏类型探针为具有一定角度的金字塔形探针，使用该探针得到的纵向弹性模量会受横向弹性模量的影响，导致测得的纵向弹性模量低于实际值。2006 年，Wang 等的课题组报道了天然木材纤维的硬度和弹性模量，分别是 0.41～0.54 GPa 和 12.7～19.3 GPa(Wang *et al.*，2006)，还研究了 10 余种阔叶树材细胞壁的硬度和弹性模量(Wu *et al.*，2009)，并探索了热力学精磨对纤维力学性能的影响(Xing *et al.*，2008)，最近，该小组还对棉秆、豆秆、麦秸秆等农作物纤维的细胞壁力学性能进行了评价(Wu *et al.*，2010)。

国内江泽慧等(2004)在前人研究的基础上，首次运用纳米硬度测量技术中最新发展起来的连续刚度测量法，对测定人工林杉木早晚材管胞细胞壁的纵向弹性模量和硬度的试验技术进行了探索。紧接着，该组使用原位成像纳米压痕技术对毛竹细胞壁的纳米力学特性进行了深入研究，发现竹纤维细胞壁的纵向弹性模量与横向弹性模量显著不同，分别为 16.1 GPa 和 5.91 GPa，而硬度在纵向、横向的差异较小；薄壁细胞的纵向弹性模量和硬度分别为 5.8 GPa 和 0.23 GPa，仅相当于竹纤维的 33%和 63%；从竹黄到竹青，竹纤维细胞壁的纵向弹性模量无显著变化，但是硬度呈增加趋势。刘波(2008)对 17 天、1 年、4 年和 6 年生毛竹纤维细胞的力学特性进行了测定，发现随着年龄的增加，竹青处的纤维次生壁 S2 层的弹性模量和硬度显著升高，而竹黄处的弹性模量和硬度呈现先增大后减小的趋势，认为木质素的含量和分布及纤维素的结晶度与竹纤维细胞壁的力学性质均呈正相关。随后，含水率、温度、热压等对竹纤维细胞壁力学性能的研究不断涌现。

三、急需研究的科学问题

目前，在细胞壁层面上，竹材纤维细胞次生壁的纵向力学性质虽然已经量化到次生壁的不同位置，但是受纳米压痕压针和测试精度的限制，测量并不能精确定位到次生壁的各个壁层，尤其是厚度较小的薄层，急需开发出直径更小、精度更高的纳米级探针；而且，由于竹纤维较硬，而纳米压痕测试要求试样表面的平整、光滑度高，而样品的表面抛光会大大降低昂贵的钻石刀的使用寿命，造成试验成本过高，因此制样方法和技术有待进一步提高；总的来讲，竹纤维细胞次生壁的力学性质研究刚起步，得到的测试结果有限，对其力学性质的影响因素，如不同化学成分含量、不同改性处理对细胞壁力学性能的研究还非常有限，急需进一步深入。

另外，在细胞层面上，国外对木材纤维细胞的力学性质研究较为成熟，但对竹纤维细胞的研究极其有限，国内对其的研究也刚刚起步。总的来看，单纤维拉伸技术还有待进一步发展，虽然球槽型夹紧方式比较完美地保证了拉力方向和纤维方向的一致性，大大提高了放样和测试成功率，但测试过程仍然非常复杂耗时，有必要发展新的放样和夹紧方式，如机械手放样、静电场诱导纤维取向等。测试时，环氧树脂胶滴的弹性变形和纤维表面的微量滑移，仍然是很难避免的问题，如何选择一种更为合适的胶，从而避免这些问题需要认真考虑。应变的精确测量也是难以解决的问题之一，这是因为纤维尺寸微小，无法使用传统的应变片和接触型引伸计，现有的光学引伸计的分辨率不够，如何精确测量应变仍然是单纤维拉伸技术的难点之一。其次，毛竹等单纤维的力学性质研究还处于初级阶段，仅得到了荷载条件下的力学数据以及对数据的初步分析，仅考虑了影响力学性质的主要因素，如水分、微纤丝角等，但是，没有将这些因素结合起来深入分析单纤维拉伸过程中的结构、化学成分变化以及影响单纤维扭转、断裂、疲劳破坏的深层机制。再次，单纤维拉伸技术设备应与其他仪器技术联合起来，共同取长补短、以易代繁，促进该项研究的快速发展。例如，将显微近红外光谱引入，建立单纤维力学性质以及其他各项性质的预测模型，快速无损评价单纤维甚至活立木单纤维的各项物理及化学性质。最后，单纤维力学的发展可以参照与其结构相似的生物力学以及人体骨骼力学的试验手段和方法，引入相关学科的思想、方法、理论、模型。纳米压痕技术最开始应用在人体骨骼的力学性能研究上，后来被应用到木材细胞壁力学的研究上来，同理，随着多学科的相互渗透，相关学科的新思想、新技术、新手段若能适用于竹纤维的研究，则必将促进该领域的发展。有限元法以及复合材料细观力学的研究方法也将是竹纤维力学性质研究继续深入的必要途径，应将其运用到单纤维的研究中来。

总之，竹纤维细胞力学性质的研究工作才刚刚开始，虽然单纤维和细胞壁力学性质的研究已经取得了一定的进展，但没有将它们与宏观力学性质联系起来，以便更深层次更综合性地探讨它们之间的相互机制，了解毛竹的生物力学设计，为现代化仿生及应用服务。

第二章　竹材细胞壁的壁层结构

竹材以其快速的生长速度和优异的力学性能优势而成为最重要的植物资源之一。而今，它广泛应用于造纸、建筑、家具、纺织及包括纳米材料制造领域在内的一系列先进工业领域(Nogata and Takahashi，1995；Takagi *et al.*，2003；Khalil *et al.*，2012；Huang *et al.*，2017)。难以想象的是，在横向生长不足的情况下，竹材的生长策略使其具有比其他植物好得多的物理力学性能(Wang *et al.*，2015)。

竹材是以厚壁纤维为增强相，薄壁细胞为基质相的典型的天然复合材料。细胞壁是竹材的实质物质，也是竹材具备优良力学性能和独特化学性质的本质所在。根据其形成阶段的不同，细胞壁可分为初生壁和次生壁。初生壁位于细胞壁的最外层，壁厚非常薄，为200 nm以下，其内部的微纤丝排列均是无定向的。次生壁紧邻初生壁，壁厚占细胞壁平均壁厚的90%以上，细胞类型不同，次生壁的结构和化学成分等也不相同。

通常，竹秆由纤维、薄壁组织和导管组织组成，分别占整个体积的52%、40%、8%(Jiang，2007)，对应的主要细胞类型是竹纤维、薄壁细胞、导管和筛管以及伴胞。这些细胞均具有初生壁和次生壁。

第一节　纤维的壁层结构

竹纤维细胞壁独特的解剖结构和复杂的细胞壁多壁层结构是决定竹材物理和力学以及化学性能的关键因素。因此，在细胞、亚细胞水平的结构性能表征以及分析是广大研究者一直关注的焦点和热点。

早在1950年，Preston等采用X射线衍射技术，研究了竹纤维细胞壁的超微结构，证明了竹纤维的细胞壁为厚薄层交替的结构。Tono和Ono(1962)则利用化学处理的膨胀作用，直接观察到了竹纤维的多壁层结构。Parameswaran和Liese(1976)使用高分辨的透射电子显微镜(TEM)，不仅发现了宽窄层交替组成的竹纤维细胞壁，而且进一步提出了更为全面的纤维细胞壁多壁层结构模型(图1-4)，该模型已被绝大多数研究者所接受。在模型中，他们指出，次生壁薄层的微纤丝角[细胞壁的骨架物质是纤维素，组成纤维素的基本单位是微纤丝。微纤丝与细胞主轴之间的夹角称为微纤丝角(microfibril angle，MFA)]与轴向呈85°～90°；厚层的MFA为20°～30°。随后，Wai等(1985)使用三年生的灰秆竹(*Bambusa polymorpha*)纤维细胞作为研究对象，提出了不同的观点，认为过渡层存在于次生壁的薄厚层之间，次生壁最内层是厚层。Murphy 和 Alvin(1992)则使用偏振光显微镜，证明了纤维在维管束中的位置是影响纤维细胞壁层数量的重要因素，位置不同，细胞壁层数也不同。根据观察，竹子在每年的 3～6 月进入生长期，然后随着温度的升高，生长缓慢，呼吸增强，Gan 和 Ding(2006)认为竹纤维次生细胞壁的微纳米交替结构，类似于树木中年轮的生长规律排列。国内，Yu 等(2011b)首先将原子力显微镜(AFM)应用于竹纤维细胞壁的纳米级表征，并观察到毛竹纤维微纤丝在初生壁中呈无序排列，而在次生壁中高度定向。然后 Wu 等(2010)、Chen 等(2017)和 Liu 等(2010)等也研究了竹纤维细胞壁内微纤丝的排列。

目前，多数研究者认为，竹纤维的次生壁是连续的薄厚层交替排列的多层微纳米结构，总层数可达 10 层以上(Parameswaran and Liese，1976)。壁层的数量与竹种、竹龄、纤维在竹材中的部位有关，最多可以达到 18 层。如图 2-1 所示，在次生壁中，厚层、薄层的微纤丝取向各不相同，厚层微纤丝基本沿纤维轴向取向，且其微纤丝角从外到内呈增加趋势；薄层微纤丝的微纤丝角较大，取向基本与纤维轴向垂直，层厚一般在 100 nm 以下(Khalil *et al.*，2012)。然而，关于细胞壁层数和微纤丝排列的研究，仍然依靠 TEM 或 AFM 的随机主观观察，无法精确定位到每个纤维细胞的各个壁层，特别是壁厚极薄的薄层，且 TEM 和 AFM 的制样复杂，成本昂贵。

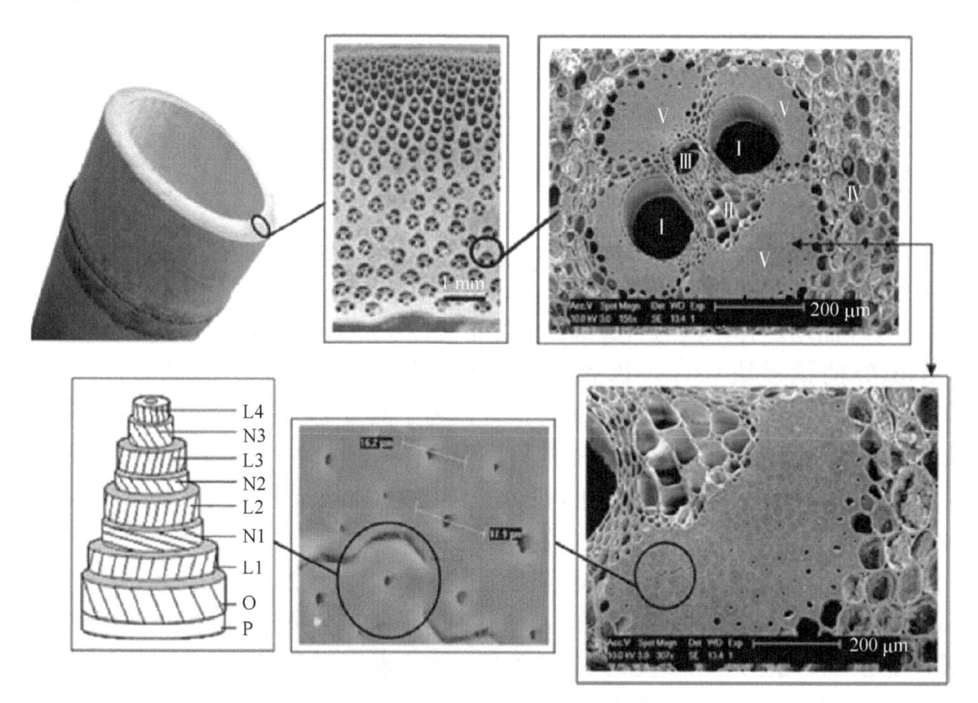

图 2-1 竹纤维在竹材中的位置和结构

使用无损的高精度的 Abrio LC-PolScope 成像系统，不仅可以直接观察竹纤维细胞、薄壁细胞和导管三种细胞类型的多层结构，还可以精确计算出 MFA 的数值(江泽慧，2002；江泽慧等，2006)。作为对比和进一步印证，透射电子显微镜也应用于各种类型竹细胞壁的高精度观察。

一、试件采集制备与测试方法

毛竹(*Phyllostachys heterocycla* var. *pubescens*)材料取自中国黄山公益林场(东经 118°14′～ 118°21′，北纬 32°4′～32°10′)，该林场位于中国亚热带地区北部。该林场平均气温为 15.3℃，平均降水量为 1600 mm。如图 2-2 所示，所选竹材为生长良好的 4 年生毛竹(2014 年采伐)，7 mm 厚、中空的细长竹茎材料；材料选取竹秆 2 m 高处，离竹青 2 mm 的结构单元，气干以备分析(含水率为 12%～15%)。

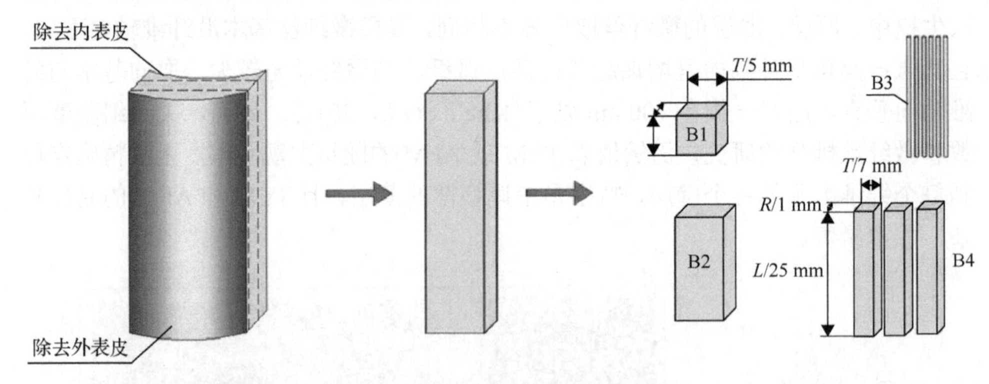

图 2-2　毛竹原始试样取材示意图

(一)材料准备

从所选竹茎节间选取长约为 30 mm 长的圆柱体，以制备不同实验所需的样本。所有样品均选择距离竹青 2 mm 距离处(图 2-2)。锯取 10 mm(*L*)×5 mm(*T*)×2 mm(*R*)的试样块(B1)，以备滑走切片机制备 10 μm 厚的横切片，作为 LC-PolScope 成像系统的观察切片。此外，为了测量毛竹的结晶度，制取了尺寸为 26 mm(*L*)×7 mm(*T*)×2 mm(*R*)的竹片(B2)样品。同时，在光学显微镜下使用非常锋利的单面刀片从竹片中小心地剥离单纤维(B3)(Burgert *et al.*，2002；Wang *et al.*，2014)。

类似地，将拥有至少一个维管束的试样，即尺寸为 25 mm(*L*)×1 mm(*T*)×1 mm(*R*)的小竹棍(B4)，使用与上面相同的方法机械分离出来。除了单纤维外，所有制备的样品分别用脱木质素工艺处理，在室温下浸入 30%的过氧化氢与乙酸(1∶1 的体积比)的纤维分离液中 12 h。此外，将制备的竹棍(B4)用 Spurr 环氧树脂包埋，具体步骤是：树脂渗透试样，然后在真空烘箱中放置 12 h，充分渗透之后，将样品逐渐加热至70℃直到树脂固化(Spurr，1969)。随后，选择具有精细垂直度的纤维树脂块，将试样修切为正四棱台块，顶部抛光之后，在超薄切片机(Lecia EMUC7，Lecia Biosystems Gmbh，德国)上切出90 nm厚的横切片，作为TEM的观察样品。

(二)X射线衍射

取B2样品(图2-2)，通过使用X射线衍射技术(Bruker D8 ADVANCE，USA)测量竹纤维的平均微纤丝角和相对结晶度。在结晶度试验中，取衍射角 θ～2θ 扫描模式，以2°/min的速率在5°～40°范围内旋转样品，选择与纤维素Ⅰ相关的200峰面的强度来计算结晶度。3次重复试验后，通过下式计算平均结晶度：

$$C_{\rm r}I(\%)=\frac{I_{200}-I_{\rm am}}{I_{200}}\times 100\% \tag{2-1}$$

式中，$C_{\rm r}I(\%)$ 为相对结晶度的百分比；I_{200} 为200峰的强度；$I_{\rm am}$ 为无定形区的强度。

另外，再根据表2-1中毛竹的平均结晶度，得到微纤丝的有效厚度 $\overline{d}$ 。

表2-1　毛竹的平均结晶度数据

试样	$I_{\rm am}$	I_{200}	结晶度/%
1	13 868	33 694	58.84
2	16 964	43 344	60.86
平均值	15 416	38 519	59.98

同时，将多根毛竹单纤维组成的B3样品(图2-2)捆扎密实，固定在X射线衍射仪的样品台上，样品方向垂直于水平面，以透射模式进行测定，设定样品台旋转一周的时间为30 min，测得样品的衍射强度曲线。取 2θ 角为22.1°(从试验扫描曲线中获得)，对衍射强度曲线进行高斯拟合，采用0.6T法计算竹纤维的精确MFA(Cave，1966)。

(三)高精度液晶偏振光系统(LC-PolScope retardance imaging)

由于试验样品中所含的纤维素具有双折射特性，故采用装有40倍、60倍、100倍目镜的显微镜(Nikon Eclipse 80i，Tokyo，Japan)以及LC-PolScope图像处理系统(CRi，Inc.，WoBurn，MA，USA)的高精度液晶偏振光系统进行分析。在该系统中，采用具有两个可变液晶的计算机补偿器来获得延迟值数据，然后通过高分辨率的冷却CCD照相机扫描成像，再利用数据重构获得方位角图像和延迟图像。最后，延迟图像上的每个位置都可以通过系统计算获得延迟值，该数值通过下文介绍的换算方法可得到精确位置的MFA数值。与传统系统相比，本系统采用的Abrio软件能够更加准确和精确地提取平均延迟值数据。试验中，每种细胞类型至少选择5个不同位置的细胞，每个细胞选择8条以上的不同的径向位置进行检测以获得具有代表性的平均值。

（四）MFA的计算

竹纤维的微纤丝（纤维素）具有双折射的特性。根据惠更斯原理，光轴（快光轴）平行于微纤丝长度方向，而延迟方位角方向（慢光轴）与其垂直。如图2-3中的(a)所示，以角度θ作为自立变量，因变量n'_e在以n_e为长轴，n_o为短轴的椭圆上给出，而n_e和n_o（浅灰色圆圈）对于特定物质是稳定的。图2-3(b)为入射线性偏振光和细胞壁中微纤丝之间的关系模型。入射光必须平行于细胞轴的方向进入。

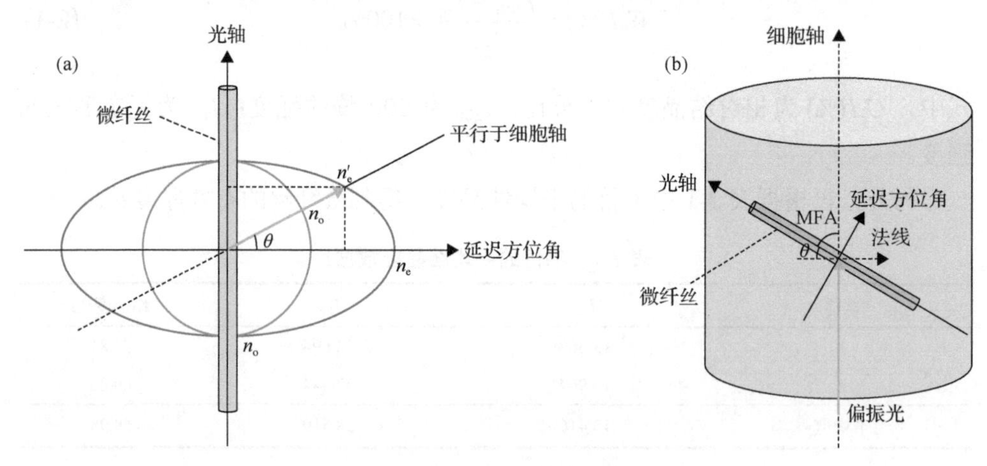

图2-3 MFA计算演示图

结晶纤维素微纤丝作为经典的双轴各向异性结构，具有典型的双折射性质。当光传播方向平行于微纤丝的光轴时，线性偏振光将经历一个单一折射率n_o。当光垂直于微纤丝（延迟偏振角方向）通过时，光分量可以被分成“寻常光线”和“非常光线”，同时分别经历折射率n_o和n_e。因为纤维素是负晶体，垂直振动于微纤丝的折射率n_o大于平行振动于微纤丝的折射率n_e。在任何其他方向，根据惠更斯原理［图2-3(a)］（陈瑞等，2013），由非常光线引起的固有折射率n'_e可以由n_o作为短轴，n_e作为长轴的椭圆函数描述。微纤丝与法线方向构成角度θ，如图2-3(b)（蒋建新等，2008；江京辉，2013；杨淑敏等，2009）所示，所测的MFA为90°–θ。

通过这些变量，可以建立方程如下：

$$B = n'_e - n_o \tag{2-2}$$

$$R = B \times \overline{d} \tag{2-3}$$

$$\cos^2\theta = 14.86 - \frac{34.21}{(n_e')^2} \tag{2-4}$$

式中，B 为折射率；R 为延迟值；$\overline{d}$ 为微纤丝的有效厚度。

需要注意的是，微纤丝的有效厚度实际上等于结晶纤维素所占的厚度。因此，可以通过样品 B1 的切片厚度 10 μm 和样品的平均结晶度（表 2-2）的乘积来计算。关于 n_e 和 n_o 的数值，Preston 在对牡竹（*Dendrocalamus strictus*）的研究中计算了对应的 n_e 和 n_o（葛昕等，2016；江京辉，2013；杨淑敏等，2009）。如表 2-2 中的数值所示，牡竹和所选的毛竹之间的相关性质没有显著差异。因此，参照该研究者的数据，n_o 和 n_e 最终分别选择为 1.574 和 1.528。由式（2-2）、式（2-3）可计算出 n_e'，最终的 MFA 可通过 Preston 的椭圆公式来计算，如式（2-4）所示。需要特别注意的是，必须确保入射光平行射入细胞轴向，如图 2-3（b）所示。

表 2-2　牡竹和毛竹的主要性质对比

竹种	结晶度/%	纤维长度/μm	MFA/（°）	纤维密度/（g/cm³）	纤维素含量/%
牡竹	64	2.74±0.1	6.44±0.34	1.528	35
毛竹	67.7	2.24	10.23	1.49	40.28

（五）透射电镜

将常温未处理竹片试样进一步切制成尺寸为 25 mm（*L*）×1 mm（*T*）×1 mm（*R*）的样品多个。采用脱木质素工艺处理，在室温下浸入 30%过氧化氢∶乙酸=1∶1（体积比）的纤维分离液中 12 h。用去离子水将脱木质素样品洗至中性。然后，对样品进行 Spurr 环氧树脂渗透和包埋，流程参考 Spurr（1969）：

50%丙酮，梯度脱 3 h，抽真空；
70%丙酮，梯度脱 3 h，抽真空；
90%丙酮，梯度脱 3 h，抽真空；
100%丙酮，梯度脱 3 h×3 次，48℃抽真空加热；
1∶1 丙酮∶树脂，渗透 8 h，抽真空；
100%树脂渗透 12 h，48℃抽真空加热；
再次用 100%树脂渗透 8 h，48℃抽真空加热；
70℃抽真空加热 18 h，直至树脂固化。

选择纤维垂直的树脂包埋块，修切为平缓倾斜（15°）的正四棱台块。在树脂块顶部抛光之后，使用超薄切片机（American Optical Corp，美国）的旋转切片机（Lecia EMUC7，Lecia Biosystems GmbH，德国）切出 90 nm 厚的横切片，用 loop 捞片器转移切片至铜网上，用 2%高锰酸钾溶液染色，气干。

通过高分辨率透射电子显微镜（JEM-1010，日本）直接观察高锰酸钾溶液染色后的 90 nm 的横切片。设定电压 75 kV，透射电子通过几乎透明的样品，落在电荷耦合器件(CCD)和屏幕上，最终在短时间内提供可解释的竹细胞的超微图片。

二、纤维细胞的分类

通过 LC-PolScope 系统的延迟图像，可以直接观察到竹维管束的横截面包含有纤维和薄壁细胞等不同类型的细胞，且不同区域的细胞，其形态既有相同点又有差异(图 2-4)。由图 2-4 可知，纤维和薄壁细胞壁都具有同心多壁层结构。至于同一细胞类型在不同区域的差异，以前的研究对同一细胞类型的分类，提出了一些观点。例如，Murphy 和 Alvin(1992)通过传统的偏振光显微镜，将竹纤维细胞壁结构分为 4 类：类型Ⅰ纤维略有亮光，无明显亮光层；类型Ⅱ纤维 1/3 区的细胞壁有 1～3 层偏振光亮层；类型Ⅲ纤维拥有 6 层均匀分布的光亮层；类型Ⅳ纤维含有多个均匀的偏振光亮层。Gritsch 等(2004)、Gritsch(2005)基于不同区域细胞壁层数的不同，通过科学统计将纤维细胞分为 6 类。刘波(2008)和安鑫(2016)也分别通过不同的方法，分别依据纤维的壁层数量和纤维在维管束中的位置、形态的不同，将维管束内的纤维细胞分为 3 类。

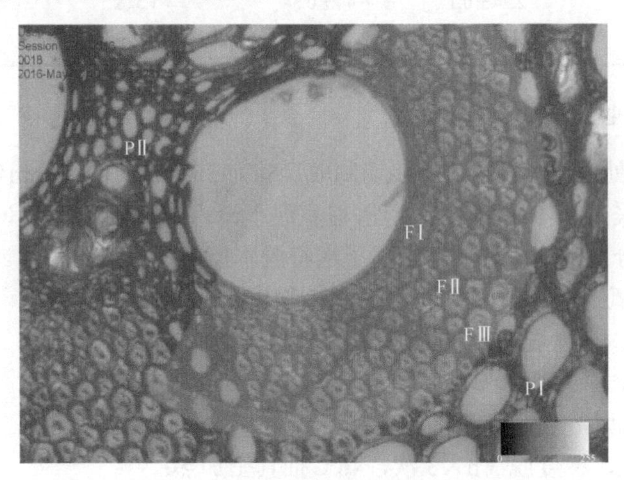

图 2-4　纤维细胞和薄壁细胞分类图

如图 2-4 所示，根据 LC-PolScope 系统的观察和纤维特征的分析，将维管束中的纤维细胞分为以下 3 类。

FⅠ型区域细胞：此区域的纤维细胞位于三类纤维细胞的最内侧并且紧邻木质部导管。该类型细胞拥有最小的尺寸和相当好的细胞均一性。但是其宽窄层的对比度不如 FⅡ型区域细胞那么明显，仅能观察到两个次生壁层。

FⅡ型区域细胞：此区域细胞存在于维管束的中部，构成维管束中纤维细胞的主体。该区域纤维细胞的薄层和厚层之间的厚度对比明显，并且，能观察到 6～8 层明显的次生壁壁层。

FⅢ型区域细胞：该区域细胞位于维管束的最外面，与维管束外部的薄壁细胞相连，具有最大的尺寸和细胞腔，有6～8层明显的次生壁壁层。然而，尽管这类细胞具有最大的尺寸，但是，次生壁厚层、薄层的厚度差异不如FⅡ型区域细胞明显，且壁厚不均一。

值得注意的是，次生壁薄层、厚层的厚度差异不同，其明显程度顺序是FⅡ型细胞＞FⅢ型细胞＞FⅠ型细胞。细胞尺寸也不同，FⅢ型细胞＞FⅡ型细胞＞FⅠ型细胞。

三、纤维细胞的壁层和各层MFA

Abe等(1997)发现S2层微纤丝形成时，恰好是筛管停止扩张的时间，这表明MFA对于包括竹材在内的植物的生长具有重要的意义。通过使用LC-PolScope成像系统，包括纤维细胞、薄壁细胞、导管在内的三种细胞类型的细胞壁结构，能够被简单、快速、直观地通过高分辨的图像表现出来。此外，细胞壁各亚层的精确MFA，也可以由与细胞壁各亚层精确位置相对应的延迟值(R值)和上文提到的式(2-2)～式(2-4)计算得到。

如图2-5(d)所示，Parameswaran和Liese(1976)提出了为大家所广泛接受的纤维细胞壁结构模型。在这个模型中，竹纤维细胞是典型的厚薄层交替的同心圆多壁层结构，每一亚层都具有与细胞轴向呈对应角度的MFA；次生壁中厚层的MFA为20°～30°，而薄层的MFA为85°～90°。然而，受设备分辨率和样品制备过程的限制，很难精确计算出纤维细胞壁各亚层的具体MFA数值。

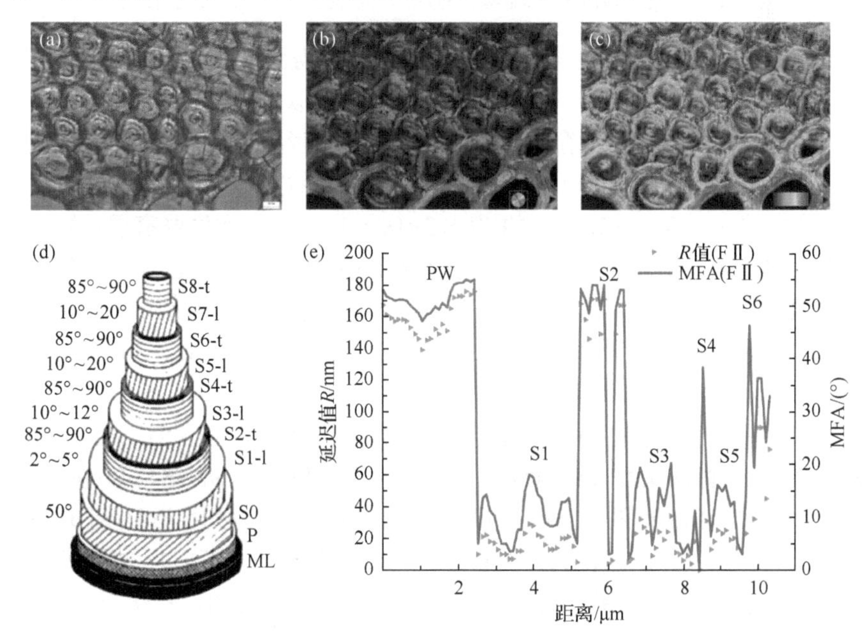

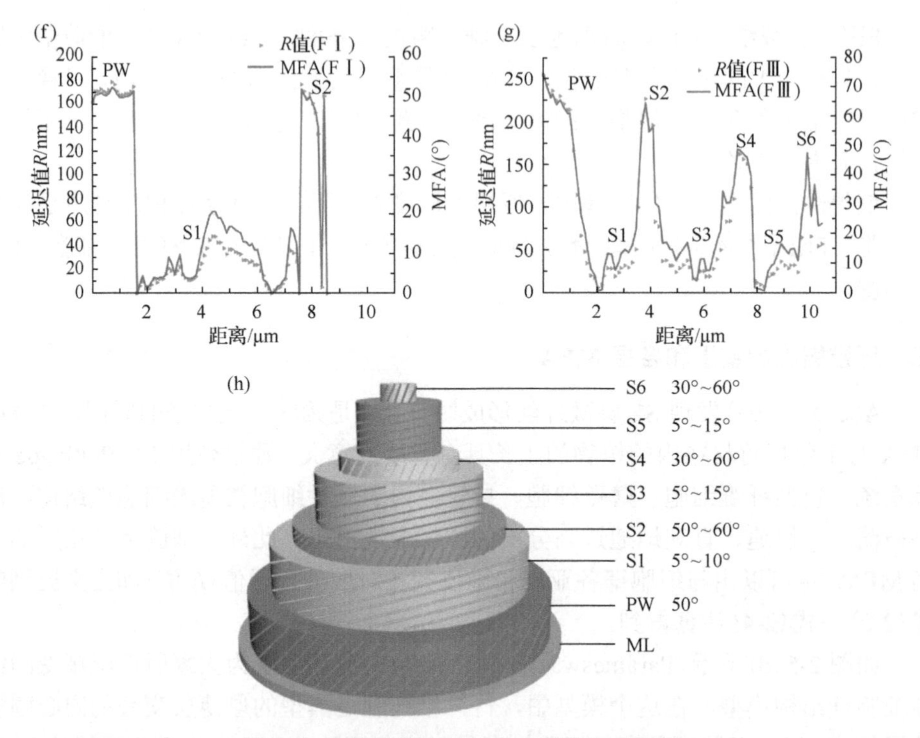

图 2-5　竹纤维细胞延迟值 *R* 和数据分析图

(a) 竹纤维细胞的明场图像；(b) 竹纤维细胞的方位图；(c) 竹纤维细胞的延迟图像；(d) 竹纤维细胞壁的结构模型；(e) 从外到内测量了 FⅡ中纤维细胞壁 *R* 值的一系列代表性数据和连续变化的 MFA；(f) 区域Ⅰ纤维细胞的延迟值数据和相应变化的 MFA；(g) 区域Ⅲ纤维细胞延迟值数据和相应的变化 MFA；(h) 毛竹纤维细胞壁的结构模型

如图 2-5(e)～(g) 所示，根据延迟值 *R*，可以得到 MFA 的计算结果。结果显示，三个区域内的纤维细胞的 MFA 的变化趋势类似。初生壁(PW)的计算结果约为 50°，而次生壁为典型的微纳米交替结构，伴随各亚层对应的微纤丝角规则地变化。其中，次生壁 S(2*n* +1) (*n* = 0, 1, 2。*n* 为自然数，下同) 为次生壁宽层，如图 2-5(e) 中的 S1、S3、S5；而次生壁 S 2*n* (*n* = 1, 2, 3) 为次生壁窄层，如图 2-5(e) 中的 S2、S4、S6。数据显示次生壁宽层的 MFA 在 5°～20°的范围内，薄层的 MFA 范围为 30°～60°。主体纤维细胞(Ⅱ型区域细胞) 的 MFA 变化如图 2-5(e) 所示，有三层次生壁厚层，分别为 S1、S3、S5，三层次生壁薄层 S2、S4、S6，MFA 的变化规律最为明显。

在 FⅡ型纤维细胞的 SW(次生壁) 中，次生壁厚层各亚层 S1、S3、S5 相对应的平均 MFA 分别是 9.92°、9.54°和 10.83°，而次生壁薄层 S2、S4、S6 的平均 MFA 分别是 51.95°、38.37°和 32.54°。FⅡ型纤维细胞的 PW(初生壁) 的平均 MFA 为 51.33°。如图 2-5(g) 所示，FⅢ型区域纤维薄厚层数与 FⅡ型区域纤维相同，但 MFA 梯度变化不如 FⅡ型区域纤维明显。FⅢ型区域纤维的计算结果显示，PW 的平均 MFA 为 55.69°，次生壁厚层 S1、S3、S5 的平均 MFA 为 10.76°、12.75°和 9.13°，而 S2、S4、S6 为 59.47°、40.12°和 30.89°。

而图 2-5(f)所示 FⅠ型区域纤维细胞仅能观察到一个次生壁厚层和一个次生壁薄层。FⅠ型纤维的分析结果显示，PW 的平均 MFA 为 50.51°，次生壁厚层 S1 所对应的角度为 9.12°，次生壁薄层 S2 所对应的角度为 48.53°。因此，根据已知的细胞各亚层的厚度、MFA 的数值和排布规律，建立纤维细胞的结构模型如图 2-5(h)所示。该结构模型的壁层和 MFA 的变化规律，与 Parameswaran 和 Liese(1976)建立的模型相似，但该模型次生壁偶数层 S 2*n*(*n* 值为自然数，*n* 取 1～3)的 MFA 的值与之略有不同。此外，上文四段话讨论的纤维细胞的 MFA 的数值在不同竹种间有较大变化(Liese，1998；Liu，2008)。

Wang 等(2012a，2012b)进行了拉曼光谱与纳米压痕技术相结合的研究，并提出了轴向定向的 MFA 使纵向弹性模量最大化，并且增加了材料的横向刚性。与北美洲各种针叶材相比，毛竹表现出更高的平均轴向抗压强度。此外，基于成像技术对竹材的杨氏模量进行的研究显示，厚壁的纤维细胞对竹材的纵向弹性模量起着主导的作用(Dixon and Gibson，2014)。除了宽窄交替的细胞壁结构，其相对应的 MFA 变化，也显著影响了竹纤维的机械性能。此结构与机械支撑作用相匹配，确保了竹材的强度和韧性(Liu *et al.*，2012；Lybeer *et al.*，2006；Wang *et al.*，2012a，2012b；Yu *et al.*，2011a)。

四、TEM 验证纤维细胞壁的结构

透射电镜已经被证明是直接观察竹材细胞壁的高效率工具(Donaldson，2001)。早在 1976 年，Parameswaran 和 Liese 就通过高分辨率的透射电镜证明了竹纤维细胞壁的多壁层结构(Parameswaran and Liese，1976)。此后，很多研究都通过该方法研究了竹纤维细胞壁的微纳米级交替的多壁层结构，但关于薄壁细胞壁和导管细胞壁的相关报道却很少(Crow and Murphy，2000；Wai *et al.*，1985；Wang *et al.*，2012a，2012b)。为了证明 LC-PolScope 成像系统结果的正确性，作者所在课题组获取了纤维细胞、薄壁细胞和导管的 TEM 高分辨率图片，如图 2-6 所示。

观察中发现 4 年生毛竹纤维细胞(FⅡ型区域细胞和 FⅢ型区域细胞)次生壁达到 8 层[图 2-5(e)、图 2-5(g)]。临近于薄壁细胞的纤维细胞仍然能观察到细胞腔，并且细胞腔的大小从纤维鞘的外侧到内侧逐渐减少。如图 2-6 所示，同一区域的纤维细胞拥有相似的壁层结构。在观察的过程中，发现纤维细胞壁和薄壁细胞壁的 S2*n* 层，均具有较深的染色强度，而 S(2*n*+1)层则拥有较浅的染色强度。这是由于采用 TEM 观察竹材切片时，采用的高锰酸钾与不同浓度的木质素发生氧化反应而呈现出颜色差异。观察结果表明，纤维细胞壁 S2*n* 层木质素含量相对较高，而 S(2*n*+1)层木质素含量较低。与这个观点相同的是，Parameswaran 和 Liese(1976)

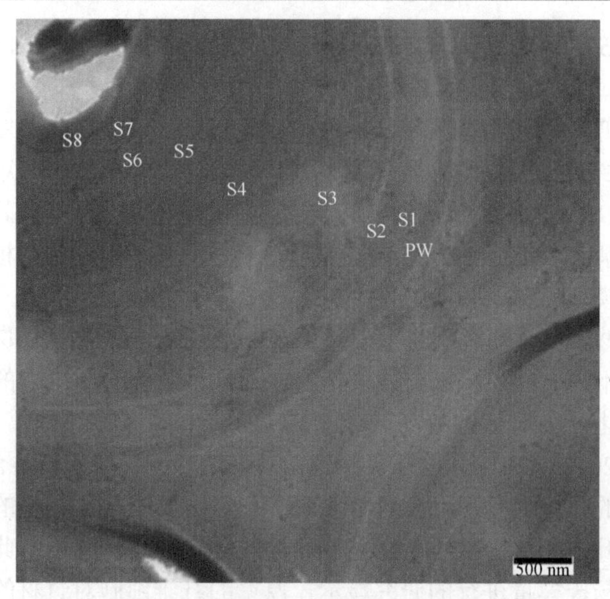

图 2-6　竹纤维细胞壁的 TEM 图像

S1～S8 层为次生壁；PW 为初生壁

通过紫外分光光度计，也发现了纤维细胞次生壁薄层的木质素浓度较高，而次生壁厚层则拥有较低浓度的木质素。

第二节　薄壁细胞的壁层结构

与纤维细胞壁相比，薄壁细胞壁和导管细胞壁受到的关注相对较少。对于薄壁组织细胞，在早期的文献中报道了与纤维相同的次生细胞壁多层结构。在 Parameswaran 和 Liese（1975 年）的观点中，也具有宽窄交替层，并且 MFA 的取向趋势与纤维细胞壁的 MFA 取向趋势相似。他们认为唯一的区别是薄壁细胞的宽层比纤维细胞中观察的窄得多。此后，Liese（1998）也观察到了孟宗竹（*Phyllostnchys edulis* Riv.）薄壁细胞壁，然后得出结论——初生壁的微纤维呈现扁平螺旋（高建民等，2009）。此外，通过软腐病菌丝生长，使薄壁细胞壁产生缓慢的生物降解，Murphy 等（1997）断定微纤丝在沉积过程中周期性变化并且表现出螺旋结构（Aoyama，1996）。Lybeer 等（2006）发现竹薄壁细胞次生细胞壁由不同木质素含量的宽窄层组成。此外，通过比较不同年龄的温带和热带竹种，他们认为细胞壁层的沉积和细胞壁的增厚可能是薄壁细胞多壁层结构变异性的原因。最近，通过直接用 SEM 测量竹纤维和薄壁细胞，结果显示竹纤维细胞具有拥有少量纹孔的接近实体的结构，而薄壁细胞具有更大的细胞腔和更薄的细胞壁，具有更大的、分布更多的纹孔（Wang *et al.*，2015）。

一、试件采集制备与测试方法

具体请参考本章第一节。

二、薄壁细胞的分类

如图 2-4 所示，根据不同区域位置的薄壁细胞壁的形态和结构的差异，将薄壁细胞分为如下两类。

PⅠ型区域细胞：这类薄壁细胞分布于维管束的最外面，为大多数薄壁细胞的主要存在形式。这些薄壁细胞的壁厚多为 6～7 μm，壁层数量差异较大，且尺寸不均一、形态差别较大，赋予了竹材较好的机械缓冲性能。另外，较大的细胞腔也起到储藏的作用。

PⅡ型区域细胞：此区域薄壁细胞出现在木质部导管。这些薄壁细胞尺寸差异较大，壁比较薄。

三、薄壁细胞的壁层和各层 MFA

对于薄壁细胞，同样，采用 LC-PolScope 液晶偏振光系统获取了其明场图片、方位角图片和延迟值图片，分别如图 2-7(a)～(c)所示。

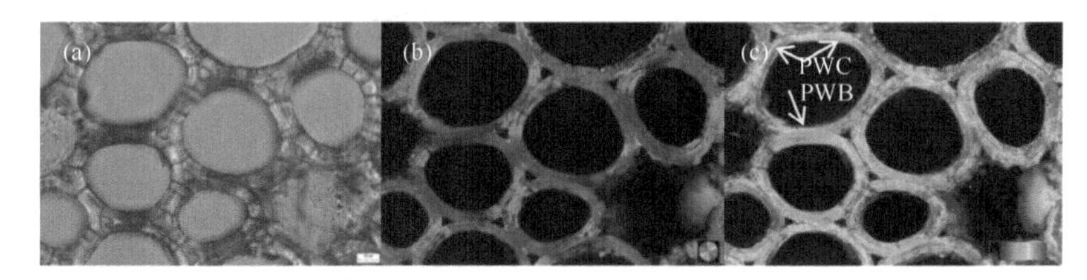

图 2-7　竹薄壁细胞 LC-PolScope 液晶偏振光成像图

(a)竹薄壁细胞明场图像；(b)竹薄壁细胞方位角图像；(c)竹薄壁细胞延迟值图像

试验获取了PⅠ型薄壁细胞 *R* 值，并根据 *R* 值计算出薄壁细胞的壁层构造和 MFA 的具体数值及变化规律。试验中，观察到拥有 9 层次生壁结构的薄壁细胞居多，此结论与 Lybeer 等(2006)、Liu 和 Hu(2008)、He 等(2002)的观点相同。另外，观察到最多有 16 层次生壁亚层的薄壁细胞，如图 2-8(a)所示。分析显示，薄壁细胞初生壁的 MFA 为 0～40°，平均值为 34.97°。而薄壁细胞的次生壁不是薄厚交替的多壁层结构，相邻两亚层壁厚变化并无规律，无过渡层结构。但次生壁奇数层 $S(2n+1)$(n 值为自然数，n 取 0～7)拥有较小的 MFA，在 30°～40°范围内，平均值为 36.59°；次生壁偶数层 $S2n$(n 值为自然数，n 取 1～8)拥有较大的 MFA，在 40°～60°范围内，平均值为 46.98°。

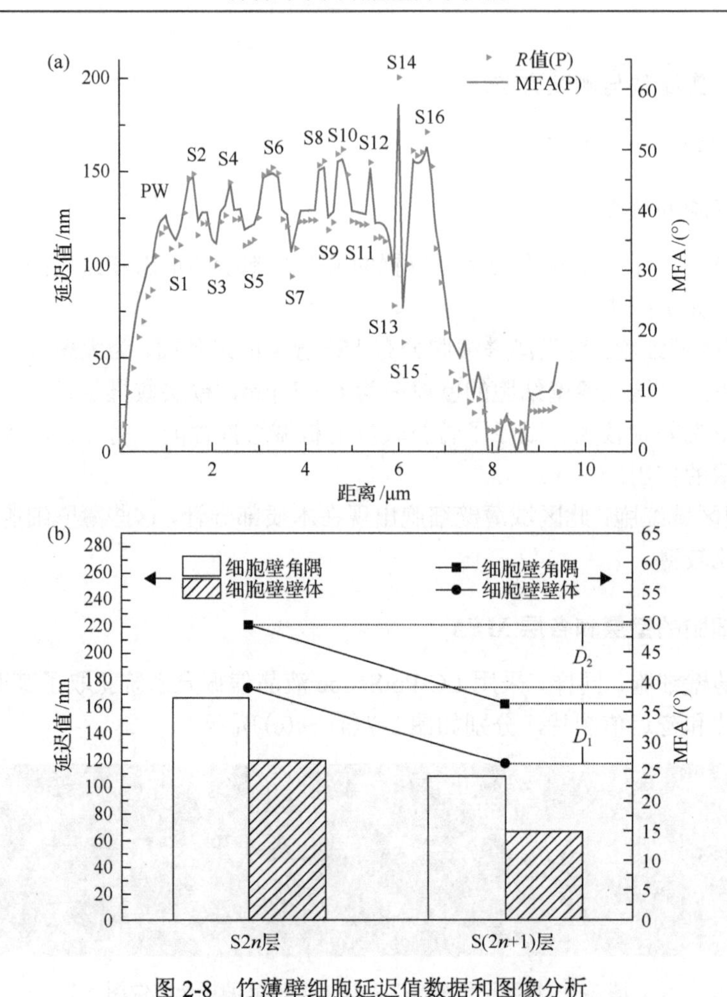

图 2-8　竹薄壁细胞延迟值数据和图像分析

(a) 竹薄壁细胞次生壁从细胞外侧向内侧的 R 值数据和计算出的对应 MFA 数据；(b) 柱形图，显示 PWB 和 PWC 的平均 R 值和相对应的平均 MFA 的差异

通过延迟值分析发现，对于薄壁细胞壁次生壁，细胞壁角隅(PWC)的 MFA 均略低于细胞壁壁体(PWB)，如图 2-8(a)和图 2-8(b)所示。对于薄壁细胞次生壁厚层 $S(2n+1)$ (n 为 0～7)的平均 MFA，PWB 与 PWC 之间的差值(D_1)为 10.46°，而薄层 $S2n$ (n 为 1～8)的平均 MFA，类似地，差值(D_2)为 10.06°。这可能是由于纤维细胞壁接近实心结构，并没有明显的变化。显然，拥有 MFA 交替变化的薄壁细胞多壁层结构具有一定的力学支撑和缓冲作用。此外，通过图 2-7 直接观察，包含有营养物质或抽提物的薄壁细胞也能被观察到，说明了薄壁细胞具有强大的储存功能。

四、TEM 验证纤维细胞壁的结构

PⅠ型区域薄壁细胞的 TEM 图像如图 2-9 所示，该细胞类型的细胞壁次生壁达到 10 层，且拥有较大的细胞腔。然而，不足的是，TEM 图像中未能获得 LC-PolScope 系统观察到的 16 层结构。Lybeer 等(2006)通过观察 1 个月生和 3 年生竹材薄壁细胞的多壁层结构，指出薄壁细胞壁层的沉积是影响薄壁细胞壁厚度的关键因素。对于薄壁细胞壁层之间的较大的不同，薄壁细胞持续的增长模式可能是主要的影响因素。试验结果显示，TEM 图像和 LC-PolScope 系统分析结果较一致。

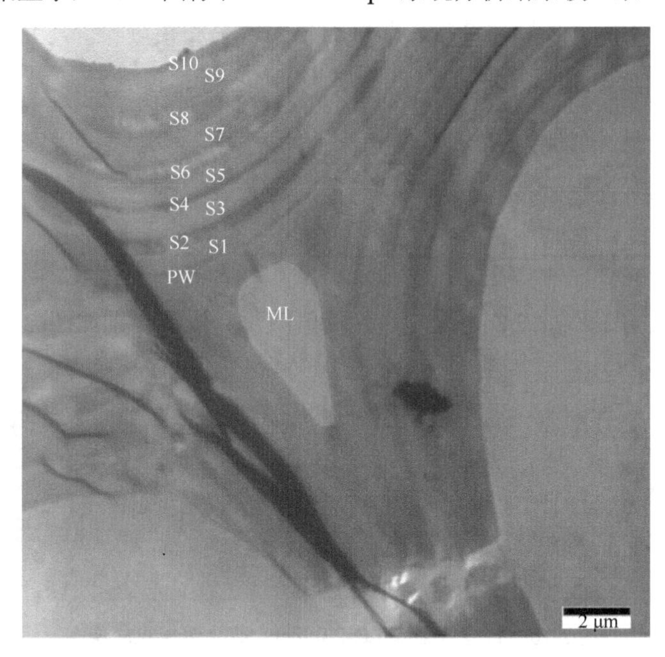

图 2-9　毛竹薄壁细胞的 SEM 壁层结构图

然而，对于薄壁细胞，同一类型细胞的细胞壁层数和各层厚度都是变化的。此外，与纤维细胞壁类似，薄壁细胞壁 $S2n$ 层具有较深的染色强度，而 $S(2n+1)$ 层则具有较浅的染色强度，这与薄壁细胞壁 $S2n$ 层的木质素含量相对较高，而 $S(2n+1)$ 层的木质素含量较低有关。制样时，高锰酸钾与不同浓度的木质素发生氧化反应呈现出了颜色的差异。

第三节　导管的壁层结构

与纤维细胞和薄壁细胞相比，对于导管，关于其微观结构形式和 MFA 排列的文章非常少，并且没有准确的描述。在早期阶段，Kishi 等(1979)通过电子显微镜和偏光显微镜研究了导管的次生壁，并构建了导管壁的标准结构模型。根据导管细胞壁的 MFA 取向，Kishi 提出了导管细胞壁的三种结构模型：无层结构、典型的三层结构和多层结构。在竹材保存和改性的实验中，Liese(2005)指出导管的尺寸和排布对于改性效果起着至关重要的作用。此后，Lybeer 和 Koch(2005)得到了 3 个月生竹茎木质部导管细胞的紫外分光光度图像，认为导管细胞壁木质素含量有 5 个不同的梯度。Liu 和 Hu(2008)的研究也表明，导管与纤维类似，其次生壁也是多壁层结构，壁层可以持续增厚至第九年，其最内层的微纤丝大致呈轴向排列。随后，导管细胞的多壁层结构也被其他学者所证实。但是，与竹纤维细胞壁不同，目前关于导管多壁层结构和微纤丝角的研究还相对较少，并且没有得到公认的结论。

一、试件采集制备与测试方法

具体请参考本章第一节。

二、导管的壁层和各层 MFA

导管的明场图片、方位角图片和延迟值图片，依次分别如图 2-10(a)～(c)所示，由图 2-10 可知，导管细胞壁是多壁层结构。

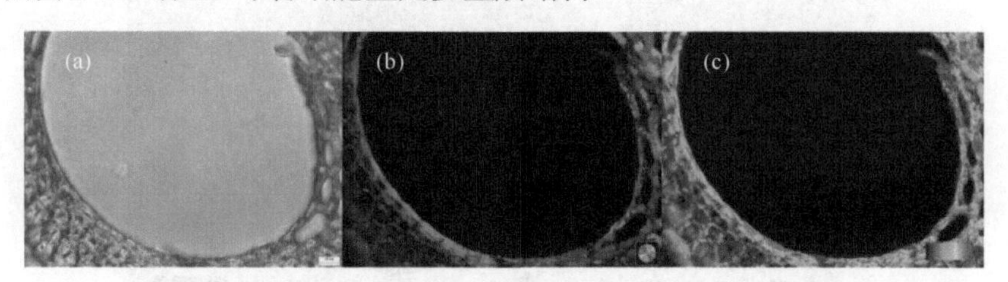

图 2-10　竹导管细胞 LC-PolScope 液晶偏振光成像图

(a)竹导管细胞明场图像；(b)竹导管细胞方位角图像；(c)竹导管细胞延迟值图像

导管各壁层的 MFA 可由获得的 R 值数据通过式(2-2)～式(2-4)得到，如图 2-11(a)所示。图 2-11 中，观察到 7 层的导管结构。MFA 结果显示，导管初生壁的 MFA 为 60°～70°，次生壁 S1 层的 MFA 的范围为 30°～40°，其余次生壁奇数层 $S(2n+1)$层(n 为自然数，n 取 0～2)的 MFA 为 60°～70°，而次生壁偶数层 $S2n$(n 为自然数，n 取 1～3)的 MFA 为 80°～90°。这一结论与 Liu 和 Hu(2008)的试验结果是一致的，该学者在对 4 年生毛竹的导管细胞研究中发现，在靠近竹青位置的导管次生壁上观察到了 S5 层的沉积，而在靠近竹黄位置的导管次生壁上观察到了 S3 层的沉积。此外，还通过 TEM 观察发现到导管的次生壁呈轴向垂直。

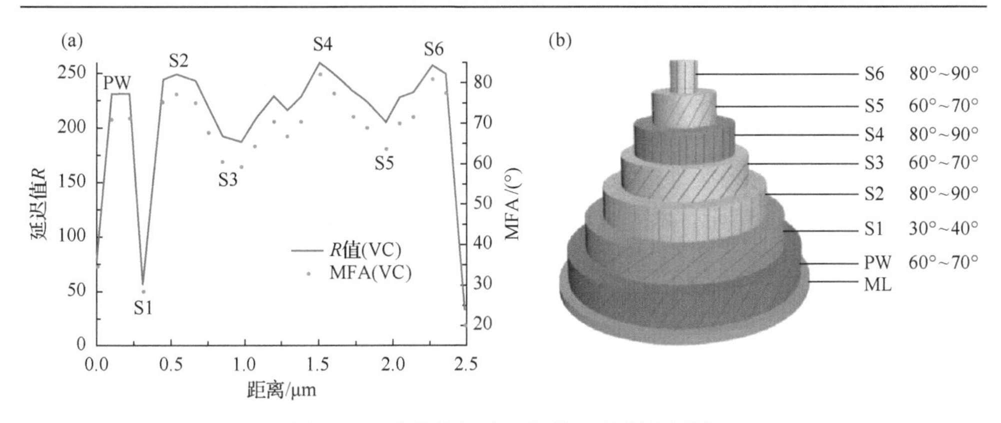

图 2-11　竹导管细胞延迟值和数据分析图

(a)竹导管细胞次生壁从细胞外侧向内侧的 R 值数据和计算出的对应 MFA 数据；(b)毛竹导管细胞结构模型

对比可知，在三种类型的细胞中，导管细胞拥有最大的 MFA。虽然这种走向的 MFA 弱化了该类细胞的机械支撑能力，但是，大大提高了其柔韧性和横向作用力，使其能够很好地行使输送水分和无机盐的功能(Liese，2005)。

第四节　竹材各类细胞的平均 MFA 的计算与讨论

由于通过 LC-PolScope 系统可以精确获取各类细胞各壁层的精确 MFA，通过统计计算可以获取各类细胞的平均 MFA。

具体而言，通过 LC-PolScope 计算得到纤维的 MFA 的算术平均值为 13°±5°。为了验证 LC-PolScope 的计算结果，采用 0.6T 法(基于 200 面)计算得到纤维的 MFA 的算术平均值为 11.15°，在之前 MFA 研究结果 8°～13°的范围内(Wang *et al.*，2010；Yu *et al.*，2011)。此外，积分法(基于 110, 1～10 面)测定 MFA 也被广泛采用。相比 0.6T 法，积分法考虑了 MFA 的分布，有明确的物理意义。在积分法中，竹材的 MFA 从竹子外侧到内侧不断变化，竹纤维的平均 MFA 范围为 10°～40° (Wang *et al.*，2012a，2012b)。由于试验材料为距离竹材外表皮 2 mm 的竹肉部分(总厚度为 7 mm)，通过 LC-PolScope 系统测量的 MFA 在 Wang 等 0.6T 法所测量的 MFA 范围内。此外，安鑫(2016)分别应用 0.6T 法和积分法(设定 2θ 为 34.80°)获知两年生毛竹的纤维 MFA。其 0.6T 法 MFA 值为 9.19°，支持了本文 0.6T 法的测试结果；而积分法与 LC-PolScope 均考虑到 MFA 的分布，其结果与本文 LC-PolScope 平均 MFA 结果一致。因此，三种方法的平均 MFA 结果相互证实，证明使用 LC-PolScope 成像系统在微/纳米级进行 MFA 测量的可行性和精确性。

对于薄壁细胞，从 LC-PolScope 成像系统获得的 MFA 的算术平均值为 43°±15°。该值与通过积分法选择性测量的薄壁细胞的平均 MFA 一致，为 46°±15°(Ahvenainen *et al.*，2017)。通过 LC-PolScope 方法计算，导管细胞的平均 MFA

值为 65°±5°。

在确定三类细胞的体积比之后，可以获得竹材整体的 LC-PolScope 方法的算术平均 MFA。为此，使用 Image J 分析软件分析捕获竹材各类细胞的 LC-PolScope 明场图像，测定竹材各类型形态组织比例（基于面积）和大致的体积比例（基于细胞壁面积），如表 2-3 所示。本研究测量的形态组织比例与江泽慧等（2007）的测量结果一致。结合各类细胞的 LC-PolScope 法得到的平均 MFA 和各种细胞壁的体积比例，计算得到整体竹材的平均 MFA 为 27.1°±8°。

表 2-3　四年生毛竹的形态组织和体积比

细胞类型	形态组织比例（基于面积）/%	体积比例（基于细胞壁面积）/%
纤维细胞	38.08	64.86
导管细胞	8.39	1.41
薄壁细胞	53.51	33.70

此外，通过 XRD 积分法测得的整体毛竹平均 MFA 为 31.0°±3°，这与 LC-PolScope 方法结果一致（Dixon *et al.*，2015）。

第三章　竹材单根纤维力学性能

近年来，包含植物纤维、聚酯纤维、玻璃纤维、金属纤维、动物纤维、石棉纤维等的纤维基增强复合材料发展迅速。其中，植物纤维作为环保可更新的绿色材料，其应用潜力和市场前景备受关注。当作为复合材料的增强相时，植物纤维自身的力学性能和变异程度，必然会影响产品的最终性能。因此，必须了解和掌握植物纤维的力学性能，才能优化纤维原料的选择，设计开发出高力学性能的复合材料产品。

竹材是植物纤维的重要来源之一，而我国竹材的种类、面积、产量、蓄积量、贸易量均位于世界首位，因此，合理、高效地利用竹纤维对竹产业及国民经济意义重大。

最近，随着科学技术的发展，竹纤维的应用也从传统的家居制品、制浆造纸、运输包装等领域扩展到高级纺织服装、高性能复合材料、纳米功能材料、智能柔性材料等新兴领域。性能决定利用，竹纤维本身的性能，特别是力学性质，必然影响着竹制终端产品的性能。

第一节　单根纤维拉伸技术

力学性能测试的难易程度取决于植物纤维的形态。一般而言，纤维越长，测试越容易。与苎麻纤维(50～120 mm 长)相比，竹纤维尺寸微小，长度一般在 2 mm 左右，直径约为 15 μm，难以夹持和准确定位，因此，竹纤维的力学性能测试被公认为国际性的难题(图 3-1)。

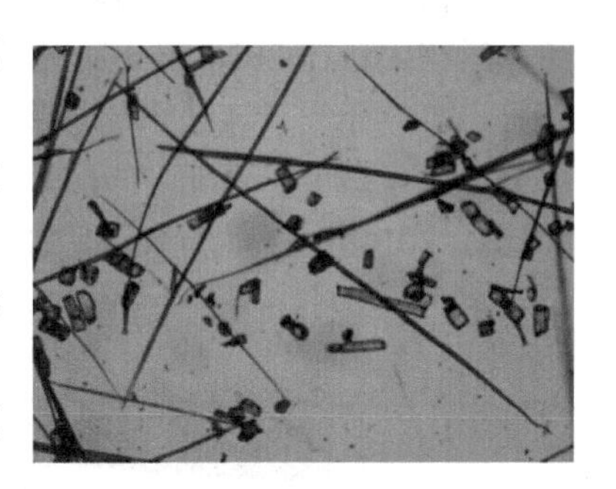

图 3-1　离析好的毛竹单纤维

单根纤维拉伸技术是指通过对实体木材或竹材中分离出的单根纤维，直接进行轴向拉伸，从而得到细胞壁的弹性模量、强度等重要指标的技术。该技术为研究细胞微观结构、化学成分与细胞壁力学性能之间的关系，提供了一个强有力的技术手段。

有关单根纤维力学性质方面的研究，最早可以追溯到 1925 年，Ruhlemann 经过初步分析，得到了化学离析单根杉木(*Cunninghamia lanceolata*)管胞的断裂强度，但受当时试验条件的限制，该研究没有引起其他学者的注意。直到 Klauditz

等(1947)改进了试验方法，对脱木质素木材纤维的力学特性进行了系统的研究，才使这方面的研究得到了较为广泛的重视。之后，有关单根木材纤维力学性质方面的研究日益增多。Mark(1967)总结了其他学者的研究成果，出版了《管胞的细胞壁力学》一书，标志着管胞(纤维)细胞壁力学研究体系的初步形成。1971 年，加拿大制浆造纸研究院 Page 等(1971)在 *Nature* 发表了单根针叶材管胞力学特性及其测定方法的报道，引起了制浆造纸领域和木材科学界的极大兴趣，因为这意味着找到了一条研究制浆造纸工艺对纸浆纤维强度影响的理想途径。

进入 20 世纪 80 年代以后，扫描电子显微镜、激光共聚焦显微镜以及光谱技术的相继飞速发展，将单根纤维拉伸技术的测试速度、精度、准确度推向新的高度，单根纤维拉伸技术日趋完善。90 年代，研究者将该技术应用到需要测试大量具有统计意义数据的单纤维变异研究上来(Groom *et al.*，1995，2002a，2002b)。近几年来，研究继续深入，单纤维拉伸过程中的结构和化学变化以及影响因素被进一步揭示(Burgert *et al.*，2005a，2005b，2005c)。例如，Keckes 等(2003)利用同步加速X射线微聚焦衍射技术原位观察应压木单根管胞拉伸过程中微纤丝角的变化，提出了细胞壁轴向拉伸的变形机制：在轴向拉伸过程中，微纤丝之间的木质素/半纤维素在剪切应力的作用下产生塑性流动，与微纤丝之间的化学键断裂而促使微纤丝之间产生滑移，并沿管胞长轴方向重新取向，导致微纤丝角减小；在塑性变形的另一新的位置，微纤丝会重新与基质产生新的化学结合，从而将塑性形变固定下来。再如，Sedighi-Gilani 和 Navi(2007)使用单根管胞拉伸与激光共聚焦显微镜联用技术，指出细胞壁的塑性变形是一个连续的过程。

国内余雁等(2003)首次对单根木材纤维力学性能及相关测试技术进行了介绍，所在团队在 2010 年开发出了植物短纤维专用力学性能测试仪(图 3-2)。黄艳辉等(2011)介绍了该技术的最新发展，之后，有关竹木单根纤维力学性能及其与水分、化学成分、物理结构、竹龄等相互关系方面的研究逐渐增多(王汉坤等，2010a，2010b；任丹和余雁，2013；陈红等，2014)。

图 3-2　植物短纤维力学性能测试仪(SF-Microtester I)

在单纤维拉伸技术中，纤维的制备、夹紧、定向、细胞壁横截面面积和微纤丝角测量是测试中的难点。

一、单纤维的制备

单纤维的制备分为化学方法、物理方法和化学物理相结合方法。化学方法是利用化学制剂氧化木质素从而分离得到单纤维的方法，一般采用过氧化氢或亚氯酸盐和冰醋酸混合制备离析液，软化分离得到单纤维(图 3-1)。该方法被 Jayne(1959)、Page 等(1977)、Ehrnrooth 和 Kolseth(1984)、Groom 等(1995，2002a，2002b)众多研究者使用，其特点是方法简单、制备快速、单纤维分离彻底。物理方法又称机械方法，Burgert 等(2005a，2005b，2005c)使用超精细的镊子在显微镜下机械剥离得到单根云杉纤维，指出该法避免了化学离析造成的细胞壁化学成分变化，机械扭曲小，测得的单纤维强度大，更适合微拉伸力学测试，但该法较难掌握。造纸业制浆得到的纸浆就是用机械的方法，或化学的方法，或者两者相结合的方法把各种植物纤维原料离解成大量单纤维甚至是纤维原纤组成的浆液。

二、单纤维的测试

单纤维的夹紧有机械夹紧和胶黏夹紧 2 种方式。胶黏方式并不是直接把纤维粘到加载装置的夹具上，而是先粘到某种媒介上，再进行加载。理想的媒介有纸板和醋酸纤维素，理想的胶黏剂为二组分环氧树脂。机械夹紧需要特制的夹具(Jayne，1959；Kellogg and Wangaard，1964；Tamolang and Wangaard，1967)，这种方法可能导致纤维在加载过程中发生滑移和压溃，以致在断裂前提前失效。Hardacker(1963)证实机械夹紧方式通常会导致超过一半的试样在夹紧处断裂，因此，胶黏方式(Hardacker，1970；Page *et al.*，1972；Armstrong *et al.*，1977)逐渐取代了机械夹紧方式。Kersavage(1973)开创了胶黏球槽型夹紧方式，不仅解决了纤维的压溃和滑移问题，而且使单纤维自由取向，减少了拉伸剪切引起的破坏(图 3-3)。之后，Mott(1995)在纤维夹具和单纤维细胞壁面积测量方面做了重要改进，显著提高了测量速度和准确性，使单根纤维拉伸技术在实用性方面迈出了重要的一步，并且成功应用于研究火炬松(*Pinus taeda*)管胞纵向力学性质的株内变异规律。

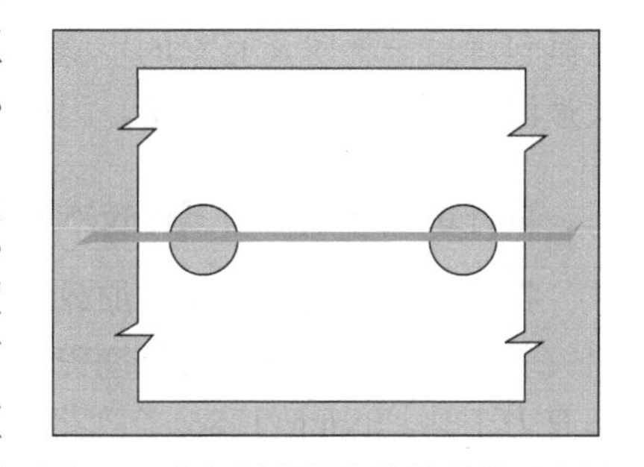

图 3-3 滴好树脂微滴的单纤维示意图

在单纤维纵向拉伸过程中，如果加载时纤维取向明显偏离加载力的方向，容易造成单纤维发生过早的拉伸剪切破坏(Ehrnrooth and Kolseth，1984；Mark and

Gills，1970)，严重影响结果的可靠性。为了避免这种情况的发生，必须允许纤维在拉伸过程中自由取向。Mclntosh 和 Unrig(1968)设计了一个刚性夹具系统，其中下部夹具悬浮在熔融的铅液上，当纤维取向适合后，使铅液冷却固定。Kallmes(1960)设计的夹具系统则把下部夹具固定在一个可以旋转和倾斜的台子上，以实现纤维的垂直取向。显然，上述方法的实际操作非常困难，不具有普遍适用性。Page 等(1972)将单纤维置于 2 片载玻片之间，干燥后得到了平直的单纤维，极大地减少了扭转问题对试验结果的影响。Kersavage(1973)在单纤维端头附近滴加环氧树脂形成球形端头，拉伸时使纤维可以在球槽型夹具系统中自由旋转，以减少纤维拉伸时剪切导致的提前断裂失效，该系统显著降低了纤维在夹紧处断裂的概率，获得的纤维力学强度明显大于其他方法得到的数值，具有较高的可靠性。后来这种方法被进一步推广，用于研究木材纤维纵向力学性质的变异规律(Groom *et al.*，2002a，2002b；Mott *et al.*，2002)。

为了获得弹性模量、断裂应力、抗拉强度等力学数据，就必须知道单纤维的横截面面积。以前常采用在光学显微镜下拍摄一定放大倍数的纤维横断面照片，再通过测面积的方法得到细胞壁面积。要得到纤维横断面照片，必须把单纤维包埋在冰、醋酸纤维素等介质中，再用切片机垂直纤维方向横切(Mclntosh *et al.*，1968；Leopold，1966)。由此可见，利用普通的光学显微镜测量单根纤维细胞壁面积是相当困难的。还有一些研究者，不直接测量单纤维的横截面面积，而是通过其他方法间接评估换算得到(Jentzen，1964；Leopold *et al.*，1968)。早期单纤维微纤丝角的测量主要使用偏振光显微镜。例如，Page 等(1972)采用光学传感器和偏振光显微镜测量单纤维拉伸试验中的变形和微纤丝角，将力学性质与微纤丝角联系起来。Armstrong(1977)利用扫描电子显微镜得到了单纤维的细胞壁面积；后来，扫描电子显微镜也被应用于微纤丝角的测量；20 世纪 90 年代激光共聚焦显微镜技术的发展，使单纤维细胞壁面积的测量变得既快速又精确，彻底抛弃了单纤维包埋这一耗时又冗繁的步骤，由于该技术采用快速无损的激光切面，而且能快速测量单纤维的微纤丝角，因此近年来得到了广泛运用。

三、单纤维拉伸技术与其他技术联用

扫描电子显微镜和微型加载装置联用使管胞动力学的研究进入新的阶段，为研究复杂的单根管胞断裂机制提供了可靠的手段，是研究单根管胞微力学性质的强有力工具。Irving(1986)首次把微型压缩装置放于扫描电子显微镜内，观察到了单根管胞的压缩破坏顺序。Mott 等(1996)则是把自制的微拉伸计置于环境扫描电子显微镜的样品室，在扫描过程中连续捕获不同加载阶段管胞的数字图像，随后进行数字图像相关分析，得到纤维表面的微应变分布，结果表明，在木材纤维的缺陷区域和无缺陷区域，表面位移以及应变场的分布都是不均匀的，应变集中位

置与各种细胞壁缺陷吻合得相当好。Bergander 等(2000a，2000b)随后把扫描电子显微镜与微型加载装置联用技术运用到管胞横向力学性质的研究上，这对于制定和设计高效节能的热力制浆工艺和设备，以及木材横纹压缩密实化改性都具有重要的现实意义。

拉曼激光光谱仪和傅里叶变换红外光谱仪都是研究单纤维结构以及化学成分变化的强有力工具，通过特征峰的变化和转移可以在分子水平上研究单纤维的变形机制。Eichhorn 和 Baillie(2001)研究了木材纤维在纵向拉伸过程中拉曼光谱的变化，发现纤维素的特征峰发生了明显的转移，而木质素的特征峰没有发生明显的变化，从而在试验上证明了纤维素是木材纤维纵向受拉时的主要承载物质。Burgert 等(2005a，2005b，2005c)利用傅里叶变换红外光谱仪对机械和化学分离的单纤维进行了对比分析，指出纤维素几乎不受化学软化过程的影响，但该软化过程导致了中间层木质素的大量移出，而且使细胞壁次生壁木质素中的芳香族物质降解，得出机械分离的单纤维更适合微拉伸研究的结论。

四、单纤维技术发展趋势

随着单纤维拉伸技术的不断发展，有关单纤维研究的奇思妙想必将层出不穷，百花齐放；随着全球环境的不断恶化和木材资源的不断减少，有关再生纤维、再循环纤维以及竹纤维的研究必将被提上日程，成为新的研究热点。

单纤维力学性质研究虽然取得了一定的成果，但更有挑战性的研究工作才刚起步，综合学科发展和相关研究趋势，特提出以下几条深化研究的建议。

(1)需进一步发展单纤维拉伸技术。虽然球槽型夹紧方式比较完美地保证了拉力方向和纤维方向的一致性，大大提高了放样和测试成功率，但是单纤维拉伸的测试过程仍然非常复杂和耗时，测试成功率也较低，因此首先有必要发展新的放样和夹紧方式，如机械手放样、静电场诱导纤维取向等。其次，制样时，向单纤维两端滴胶的过程中，如何绕开胶滴部位附近区域的纹孔，从而避免拉伸过程中由该处纹孔引起的端断，这是在实体显微镜下难以解决的，现有的方法是拉断以后放到电镜下或是激光共聚焦显微镜下观察，以便在数据处理过程中排除端断引起的误差，而如何在滴胶时就解决该问题需要以后认真考虑。最后，单纤维拉伸技术和其他仪器联用将是研究单纤维力学性质的又一发展方向。

(2)单纤维力学性质研究有待进一步深化。目前，该项研究还处于初级阶段，仅得到了荷载条件下的力学数据以及对数据的初步分析，仅仅分析了影响力学性质的主要因素，没有将这些因素结合起来深入分析单纤维拉伸过程中的结构化学成分变化以及影响单纤维扭转、断裂、疲劳破坏的深层机制。

(3)单纤维拉伸技术最好与零距拉伸以及纳米压痕技术联合起来，共同取长补短、以易代繁，促进该项研究的快速发展。例如，找到零距拉伸以及单纤维拉伸技术之间的转换参数，利用快速简便的零距拉伸技术代替比较耗时的单纤维拉伸技术。再如，将显微近红外光谱引入，建立单纤维力学性质以及其他各项性质的预测模型，快速无损评价单纤维甚至活立木单纤维的各项解剖物理化学性质。

(4)单纤维力学的发展可以参照与其结构相似的生物力学以及人体骨骼力学的试验手段和方法，引入相关学科的思想、方法、理论、模型。纳米压痕技术最开始应用在人体骨骼的力学性能研究上，后来被应用到木材细胞壁力学的研究上来，同理，随着多学科的相互渗透，相关学科的新思想、新技术、新手段若能适用于木材研究，则必将促进木材研究领域的发展。

(5)竹材单纤维是生物多样性材料，变异性大、结构不均匀，因此，有限元法以及复合材料细观力学的研究方法将是单纤维力学性质研究继续深入的必要途径，应将其运用到单纤维的研究中来。

第二节　竹材单纤维力学性能

毛竹是乔木状散生竹种，为我国所特有。它广泛分布于亚热带地区，其株高可达 20 m，胸径多达 20 cm，生长速度快、适应能力强、力学性质好，被广泛应用于家具、建筑、纸浆造纸、包装运输等领域。近年来，竹纤维以其突出的高强低密特性而备受青睐，被称为“天然玻璃钢纤维”，是复合材料优异的增强相。

一、试材采集及制备

毛竹采自浙江富阳黄公望森林公园，发笋时间为 2001 年 4 月初，竹龄 6 年 4 个月，总节数 76 节，胸径 11.1 cm，竹高 14.48 m，第一枝下高 5.23 m，竹冠 2.6 m×2 m。

在毛竹 1.3 m 高处竹节的中间部位锯取 5 cm 高竹筒，沿竹筒纵向制备长 5 cm、宽 1 cm 的竹条，在竹条上选择距离竹青 1 mm 的位置，沿径向向竹黄方向劈取 1 mm 厚的薄片，将其加工成火柴棒状的竹棍。将竹棍放入装有纤维离析液的试管中，置于 60℃烘箱至竹棍变白时取出，用纯水将竹棍中残留的离析液充分洗净，然后用玻璃棒将试管中的竹棍充分打散于水中，形成均匀的纤维的悬浮液。采用滴管转移少量的悬浮液于载玻片上，使纤维充分分散后，将其置于 60℃烘箱中烘干。纤维离析液配比：过氧化氢(30%)与冰醋酸及水的体积比为 4∶5∶21。

二、测试设备及方法

测试设备为植物短纤维高精度拉伸仪(SF-Microtester I，图 3-2)，该设备具备数字显微成像系统，可以精确控制试样的平行度、垂直度以及纤维拉伸初始长度，还带有湿度调节装置，可精确控制纤维样品的湿度，进而控制含水率。

测试时，在实体显微镜下，用超精细的镊子把单纤维横跨于有机塑料模板的长槽上，然后用专用镊子将单纤维两端滴上直径约 200 μm 的树脂微滴(图 3-4)，将其连带有机塑料模板一起置于 60℃烘箱中固化 36 h，取出后于 25℃、湿度 60%左右的实验室环境下平衡 1 h，然后用植物短纤维高精度拉伸仪进行力学性质测试。

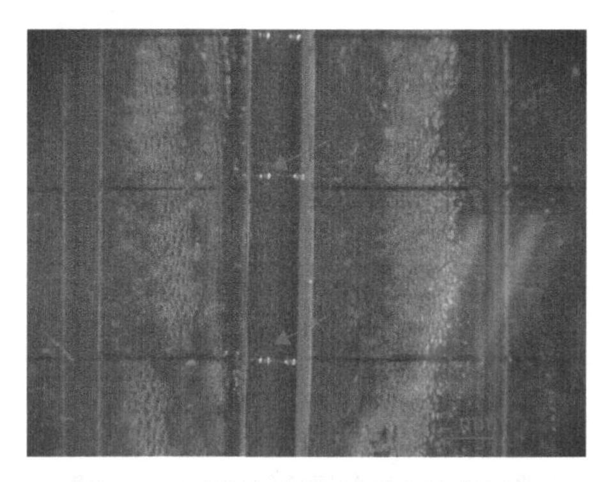

图 3-4　两端滴上树脂微滴的单纤维

值得注意的是，将受力位移曲线换算为应力应变曲线时，必须知道单根纤维横截面的细胞壁面积，试验利用植物短纤维高精度拉伸仪计算机屏幕上的单根纤维图像来测定其直径，再通过计算(圆的面积公式)得到单根纤维的横截面面积。这是因为，成熟毛竹纤维的横切面通常是近似实心的，并且形状接近于圆形。图 3-5 即为试验所用的毛竹纤维的扫描电子显微镜图像，图 3-5 进一步证实，毛竹纤维的横截面近似圆形，而且与大的细胞壁的面积相比，纤维内部空腔的面积极小。

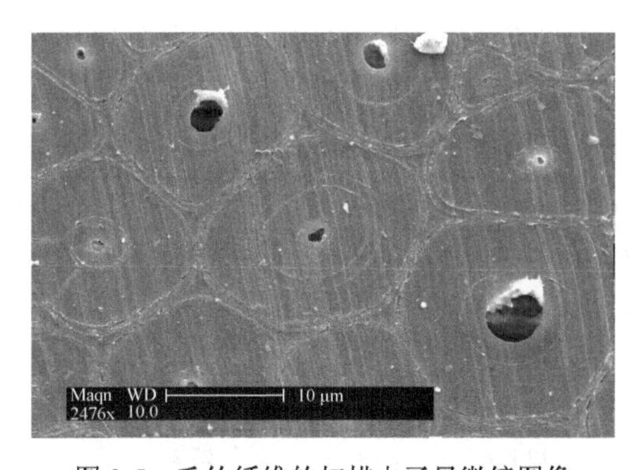

图 3-5　毛竹纤维的扫描电子显微镜图像

三、单根纤维的力学性质

图 3-6 是毛竹单根纤维典型的应力应变曲线。由图 3-6 可知，整个拉伸过程

无明显的滑移，应力应变曲线的线性度非常好，无明显的屈服阶段，展现出非常明显的脆性断裂特征，说明球槽型夹紧方式很好地解决了短纤维测试中的夹持和应力集中的难题。经大量试验发现，使用该设备能使 50%以上的纤维在中部或中部附近断裂。

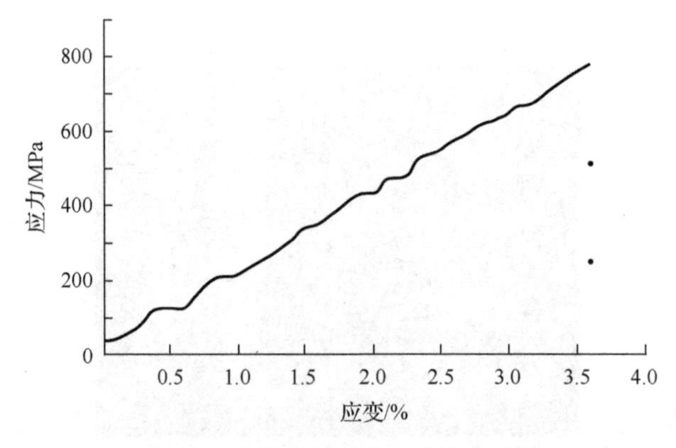

图 3-6　毛竹单根纤维应力应变曲线

表 3-1 为 133 根毛竹纤维的力学性质测试结果，从表 3-1 中可以看出，毛竹单根纤维的断裂载荷最大达到 303.8 mN，最小仅 58.4 mN，平均 158.0 mN，变异系数达到 34.4%；抗拉强度的平均值为 752.0 MPa，最大值达到 1494.1 MPa，变异系数为 27.2%；弹性模量的最大值达到 36.2 GPa，最小值比最大值小 21.6 GPa，平均值为 23.3 GPa，变异系数较其他变异系数小，为 21.0%；断裂应变的平均值是 3.34%(变异系数为 27.0%)。由数据推测，毛竹纤维力学性质的变异性除了与其自身遗传特性有关外，也受样品制备方式的影响。球槽型夹紧方式比较好地解决了测试过程中的纤维扭转和剪切问题，使纤维在拉伸过程中自由旋转伸直，得到更为准确的力学数据以及线性度非常好的应力应变曲线(图 3-6)。

表 3-1　毛竹纤维的测试结果

	直径/μm	跨距/μm	断裂载荷/mN	抗拉强度/MPa	弹性模量/GPa	断裂应变/%
最大值	21.24	1270.0	303.8	1494.1	36.2	7.95
最小值	11.01	475.0	58.4	373.5	14.6	1.81
平均值	16.32	821.1	158.0	752.0	23.3	3.34
标准差	2.25	156.4	54.3	204.2	4.9	0.90
变异系数/%	13.8	19.1	34.4	27.2	21.0	27.0

单根纤维两胶滴间的跨距对测得的力学性质有很大影响，随着跨距的增大，测得的抗拉强度减小，发生剪切断裂的概率随之增大。对 133 根毛竹纤维的力学性质测试结果显示了不同跨距时测得的单根纤维力学性质的变化(表 3-2)。

表 3-2　跨距对单根纤维力学性质测试结果的影响

跨距/μm	纤维根数/根	断裂载荷/mN	抗拉强度/MPa	弹性模量/GPa	断裂应变/%
400～600	11	137.4	797.4	22.47	3.77
600～800	50	176.4	790.3	22.08	3.67
800～1000	55	142.6	690.2	23.08	3.06
1000～1300	17	166.8	809.7	27.81	2.97

天然竹纤维细胞壁本身具有纹孔等输导组织，夹持单根纤维的跨距越大，两胶滴间的纹孔数量就越多，造成断裂的概率就越大，表 3-2 的数据也证实了这一点：跨距从 400 μm 增大到 1000 μm 时，抗拉强度下降了 107.2 MPa，断裂应变下降 0.71 个百分点，但弹性模量趋于不变。跨距为 1000～1300 μm 时，由于测试的单根纤维数目较少，加之自身变异性大的影响，所以这部分数据的测试结果在预料之外。

第三节　竹材单根纤维力学性能与维管束力学性能比较

竹纤维在复合材料和天然竹材中均以纤维束形式存在。纤维束是指自然交织在一起的纤维，由多数单纤维相互搭接相互串并联而成。天然纤维，如毛、麻、棉的单纤维强力不均匀率很高，测定单纤维强力时必须要有相当多根纤维的测试数据才有代表性，费时费力，且对测试设备的精度和操作水平要求很高，因此，在生产实际中，常测量纤维束强力后换算成单纤维强力。在天然纤维增强复合材料中，纯粹的天然单纤维较难分离，一般都以纤维束形式存在，因此，纤维束的力学性质研究对生产实践具有重要的现实意义。

Okubo 等(2004)在购买的商业竹屑片中筛选出直径为 88～125 μm、长为 50 mm 左右的竹纤维束，用 Shimadzu 微型力学试验机以 1 mm/min 的速度进行拉伸测试，同时对直径为 30～50 μm 的黄麻纤维束的力学性质也进行了测定，结果得到竹纤维束的抗拉强度为 441 MPa，弹性模量为 35.9 GPa，远远高于黄麻纤维束，得到的竹纤维束的比抗拉强度为 551 MPa/gm^{-3}，比弹性模量为 44.9 GPa/gm^{-3}，远远高于黄麻纤维束(17.5 GPa/gm^{-3})和玻璃纤维(28 GPa/gm^{-3})的比弹性模量，指出竹纤维束的力学性质优异。另外，该研究者还尝试用蒸汽爆破法获取竹纤维束，使用该法得到的竹纤维束直径减小到 30 μm 左右，其增强聚合物的力学性能得到了明显的提高。

叶民权(1995)对成熟毛竹竹壁内、中、外部位的维管束顺纹抗张强度进行了测定，指出三者无显著差异。杨云芳和刘志坤(1996)将毛竹视为两相复合材料，通过对竹材薄片的拉伸测试，间接换算得到了竹纤维束的拉伸强度和弹性模量(分别为 548 MPa 和 74.6 GPa）。邵卓平和张红为(2009)对拽拉剥离得到的 60 mm 长竹纤维束的拉伸力学性能进行了研究，测试使用 200 N 的力传感器，拉伸速度 3 mm/min，得到竹纤维束的拉伸强度为 482 MPa，弹性模量为 33.9 GPa，并利用细观力学的混合定律计算了毛竹纤维束和基本组织的拉伸强度和弹性模量。

使用高精度的 Instron 微型力学试验机(Instron Microtester 5848，图 3-7)对毛竹纤维束的纵向力学特性进行了初步测试，该试验机具有独特的气压加载方式，保证了纤维束试样的垂直放入，并且大大减小了试样两端由于机械拧紧夹持而引起的应力集中，更为重要的是，该试验机自身配备的高精度光学引伸计使应变的测量变得更加简单和精确。由于毛竹纤维束试样的制取和测试难度较大，因此作者仅得到 23 组有效数据的初步试验结果。

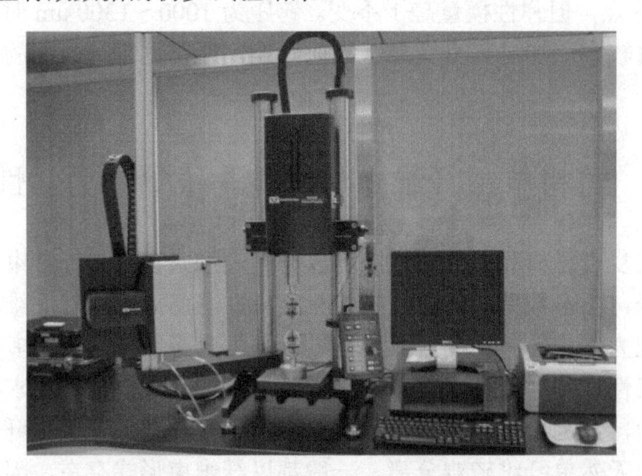

图 3-7　Instron 微型力学试验机 5848

一、试件采集制备与测试方法

毛竹采自浙江省富阳市庙山坞林场(东经 120°02'，北纬 30°06')。庙山坞林场位于我国的亚热带北部，属浙西北低山丘陵、天目山系。海拔 50～536.9 m，土壤为长石砂岩或石英砂岩发育而成的红壤。年均气温 16～17℃，年降水量为 1200～1700 mm，降水多集中于 5～6 月。

选 1.5 年生毛竹 4 株，在每株毛竹竹秆 2 m 高处竹节的中间部位锯取 6 cm(*L*)高的竹筒，沿竹筒纵向劈制 6 cm 高、1 cm(*T*)宽的竹条，选择竹条上距竹青 1 mm 的位置，沿径向向内劈取 1.5 mm(*R*)左右厚的薄片。将全部薄片放入电磁炉中，用冷热交替法水煮 4 h 左右。

在实体显微镜下(放大倍数 10 倍)，用锋利的刀片在软化好的湿薄片上劈出一相对完整的维管束，然后在维管束上劈切出完整无损的 6 cm 左右长的纤维束(注意将纤维束上的薄壁细胞刮除干净)，置于实验室环境下气干，并用环氧树脂胶将较硬的纸片粘在纤维束两端做加强片(图 3-8)，待胶干后进行拉伸测试。

图 3-8　两端纸片加强后的纤维束

光学引伸计需要做标记进行位移识别。由于纤维束太细，即使是高精度的光学引伸计也无法识别出专用笔直接在纤维束上所做的记号，因此，作者使用黑色的导电胶粘绕于纤维束上(图 3-9)，使粘绕导电胶的纤维束位置处的直径与纤维束其他位置的直径区别明显，从而使光学引伸计能自动扫描识别图像，并精确测量两导电胶间的距离。在纤维束上用导电胶做标记时，使两导电胶间的距离为 25 mm 左右。

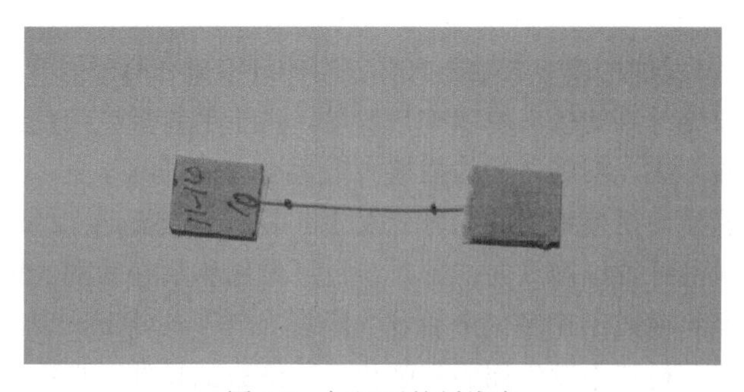

图 3-9　标记后的纤维束

拉伸时实验室温度 21.1℃，湿度 21.7%。拉伸前，将标记好的纤维束竖直放于 Instron 微型力学试验机的气动夹头之中，操纵光学引伸计软件自动测量两导电胶之间的标距，然后，设置试验机的预加载速度为 0.3 mm/min，预加载力为 0.5 N，加载速度为 0.5 mm/min，设定弹性模量的计算公式(选取 0.2%～0.5%应变范围)，最后，运行设备和软件进行自动测试和数据计算。

拉伸测试后，用高精度的电显螺旋测微计测量并估算断口处纤维束的横截面面积，将数据输入 Instron 测试软件的对应表格中，点击重新计算功能得到纤维束的弹性模量、抗拉强度等各项力学指标。

二、纤维束的力学性质

图 3-10 是毛竹纤维束的应力应变曲线，与毛竹单纤维的荷载位移曲线相似，都呈现出近乎完美的直线性特征，无表示屈服和滑移的弯曲段出现，因此，毛竹纤维束的断裂为脆性断裂。

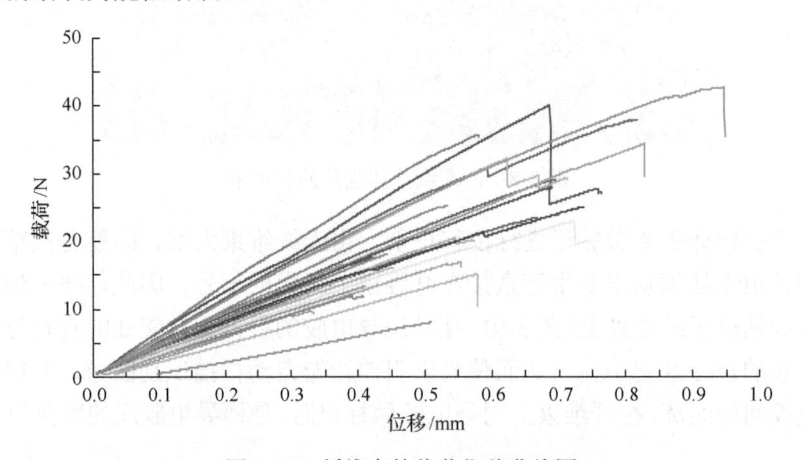

图 3-10　纤维束的载荷位移曲线图

经过测试，发现使用该方法能使 50%左右的纤维束在有效区域内（两导电胶间）发生断裂，断口处纤维的拔出现象非常明显。由于毛竹纤维束是由单纤维细胞上下左右相互搭接而成，细胞之间的搭接力远远小于单纤维本身，当纤维束受到拉伸时，纤维细胞横向搭接最弱的地方先发生断裂，当裂痕遇上纤维细胞时，在极短的时间内迅速沿纤维细胞纵向扩展，绕过纤维细胞后在较弱的横向搭接处继续扩展，裂痕按照此模式迅速演化最后发生断裂。气干条件下，裂口从出现到断裂所用的时间极短，材料不发生屈服和强化，纤维束的拉伸变形主要是可恢复的急弹性变形，因此，荷载位移曲线为直线性曲线。

毛竹纤维束的力学性质见表 3-3。如表 3-3 所示，被测纤维束的横截面面积为 23 562～87 723 μm^2，断裂荷载为 8.05～42.68 N，两者的变异系数较大。被测纤维束的平均抗拉强度为 461.03 MPa，最大抗拉强度达到 715.34 MPa，平均弹性模量为 37.74 GPa，最大弹性模量达到 57.61 GPa，两者的变异系数为 25%左右。纤维束断裂时的破坏应变平均值达到 1.27%，其中，最大破坏应变为 2.06%，最小破坏应变为 0.77%。

表 3-3　毛竹纤维束的力学性质

项目	横截面面积/μm^2	断裂荷载/N	抗拉强度/MPa	弹性模量/GPa	破坏应变/%
平均值	51 582	23.52	461.03	37.74	1.27
最大值	87 723	42.68	715.34	57.61	2.06
最小值	23 562	8.05	229.11	20.53	0.77
标准差	18 858	10.01	117.81	9.12	0.3473
变异系数/%	36.56	42.58	25.55	24.16	27.41

表 3-3 中毛竹纤维束的平均横截面面积为 51 582 μm^2，依据表 3-1 中毛竹纤维细胞的横截面面积 171.55 μm^2，计算得出纤维束横截面大约包含 300 根单纤维细胞，远多于一个独立的纤维帽所含的单纤维细胞数，又因为近竹青位置毛竹维管束的截面积约为 120 000 μm^2（一个维管束包含 4 个相对独立的纤维帽），因此，试验毛竹纤维束中含有少量的其他细胞，以薄壁细胞为主。但是，由于薄壁细胞的体积含量很少，而且力学性质也非常差，因此忽略其影响。

参照国内外其他学者的研究结果，如日本学者 Okubo 等(2004)对直径 88～125 μm、长 50 mm 左右的竹纤维束进行了测定，得到竹纤维束的抗拉强度为 441 MPa，弹性模量为 35.9 GPa；杨云芳和刘志坤(1996)通过间接换算得到竹纤维束的拉伸强度和弹性模量分别为 548 MPa 和 74.6 GPa；邵卓平和张红为(2009)对 60 mm 长的竹纤维束以 3 mm/min 的拉伸速度进行测量，得到的拉伸强度为 482 MPa，弹性模量为 33.9 GPa。本试验的研究结果与以上结果相差不大，在合理的范围之内。然而，安晓静等(2014)采用与作者类似的微拉伸技术对 4 年生成熟毛竹的纤维束进行了测量，得到的拉伸弹性模量和强度平均值较高，分别为 42.72 GPa 和 729.25 MPa，可能是由竹龄和纤维束的截面面积计算方法的差异所引起。

三、竹材单根纤维力学性能与维管束力学性能比较

与本章第二节中毛竹单根纤维的研究结果相比，纤维束的平均抗拉强度和平均破坏应变分别只占单纤维细胞的 1/3 和 1/4 左右，而平均弹性模量却基本相当，这是因为，拉伸强度和破坏应变与材料的断裂有关，纤维束的断裂是纤维细胞之间的弱的胞间层发生破坏，而单纤维的断裂是纤维细胞本身的细胞壁发生破坏；纤维束和单纤维的荷载位移曲线相似，拉伸变形主要是由纤维素大分子链键长、键角变化引起的可恢复的急弹性变形，因此弹性模量相差不大，而且纤维束在测量过程中使用了高精度的光学引伸计，使位移的测量变得更加精确，得到的弹性模量也比单纤维稍高。

第四章　竹材单根纤维力学性能的主要影响因子

被广泛应用于纺织、建筑、制浆造纸等诸多领域的植物纤维，由于其自身的独特性能和环保可再生性能，越来越受到人们的重视，应用领域也不断拓展，尤其是近几十年发展起来的复合材料以及纳米材料制造领域。作为复合材料和纳米材料的增强相，植物纤维本身的力学性能必然会影响这些产品的最终性能，因此，必须了解和掌握植物纤维的力学性能和主要影响因子，才能优化纤维原料的选择、设计开发出高性能产品、促进生产工艺的不断更新。

竹材与木材一样，是植物纤维的重要来源。国内外对单根木材纤维的力学性能及其影响因子方面的研究始于20世纪六七十年代，研究者为了得到高性能的纸张，对纸浆纤维的各项力学性能进行了较为详细的研究(Page *et al.*，1972，1977)。随后，木材科学领域的研究者为了高效地选择利用木材、探寻树木以及细胞壁的生物形成机制，对纤维细胞的力学性质及其影响因素进行了系统的研究(Groom *et al.*，2002a，2002b；Burgert *et al.*，2005a，2005b，2005c)。例如，Groom等以落叶松纤维为研究对象，指出晚材纤维的力学性能高，其弹性模量和抗拉强度分别为6.55～27.5 GPa和410～1422 MPa，而早材纤维分别为14.8 GPa和604 MPa，分析了微纤丝角对单纤维力学性质的影响，并得到了立木不同位置处单根纤维的力学性质分布图；Burgert等(2005a，2005b，2005c)在一系列研究中指出，化学离析的云杉管胞力学性能比机械分离的弱，得到机械分离管胞的最大弹性模量为22.6 GPa，最大抗拉强度为1186 MPa，并计算得出单纤维扭转角和S2层微纤丝角之间的换算模型，指出扭转角随微纤丝角的变化曲线为倒抛物线，当微纤丝角等于45°时，扭转程度最大。

近十几年来，对竹材单根纤维力学性质及影响因子方面的研究相继出现，以国际竹藤中心费本华、余雁课题组为代表。对竹材来说，影响其单根纤维力学性能的主要因素有密度、微纤丝角、化学成分和含水率等。竹材是天然高分子聚合物，主要组分为纤维素、半纤维素及木质素，各个组分自身的物化性能以及在细胞壁内的区域分布与结合方式，对竹纤维的力学性能有着非常重要的影响。另外，水分是影响竹材单根纤维力学性能的重要因子，会改变竹纤维化学成分的分子排列及相互之间的链接，在纤维饱和点以下，随着含水率的降低，单根纤维的力学性能变化较大。除此之外，在单细胞水平上，微纤丝角是细胞力学性能的一个重要影响因子，与单根纤维的力学行为密切相关。鉴于此，本章重点探讨化学组分、水分以及微纤丝角对竹材单根纤维力学性能的影响。

第一节　化学组分对竹材单根纤维力学性能的影响

竹材单根纤维是以半纤维素和木质素为基质、纤维素为增强相的中空的复合材料。纤维素是直线型大分子链，聚集排列成高度有序的微纤丝，存在于单根纤维的细胞壁中，是单根纤维力学强度的主要来源。半纤维素是大分子支链型结构，渗透在骨架物质之中，起着黏结木质素及纤维素的作用，以增强单根纤维整体的强度。木质素以无定形状态填充于基本构架中，以增强单根纤维的硬度和刚性。三大素(纤维素、半纤维素、木质素的合称)在单根纤维中的状态、分布以及结合方式对竹材单根纤维的力学性能都有着重要的影响。

田根林(2015)以毛竹为研究对象，采用单根纤维拉伸技术，将化学离析后的样品，用1 wt%酸化亚氯酸钠溶液和冰醋酸对木质素进行了定向脱除，结果发现，毛竹单根纤维的拉伸模量随着木质素的脱除变化幅度不大。随后，该学者将经脱木质素处理后的样品，分别用5%、10%和25%的氢氧化钠溶液，继续脱除半纤维素，发现冻干和气干状态下的毛竹单根纤维的拉伸模量分别降低了 51.43%和23.12%；抗拉强度也呈下降趋势，冻干状态下的毛竹单根纤维的降幅达到54.65%；断裂伸长率随木质素的脱除稍有减小，但是，随着半纤维素的进一步脱除，冻干和气干状态下的毛竹单根纤维的断裂伸长率分别增加了185.39%和153.49%。

陈红等(2014)、Chen等(2017)也采用类似的逐步增加碱溶液浓度的方法，研究了半纤维素的脱除对毛竹单根纤维拉伸性能的影响。发现脱除半纤维素的程度对毛竹单根纤维的拉伸强度的影响不大，但是，纵向拉伸模量会降低，而且，当浓度增加到15%及以上时，拉伸模量急剧降低。另外，6%和8%氢氧化钠溶液处理后的毛竹单根纤维的断裂伸长率几乎无变化，但是，当浓度增加到10%及以上时，纤维的断裂伸长率增加明显，最高可达对照样的3倍以上(表4-1)。

表4-1　氢氧化钠溶液处理后毛竹单根纤维的力学性质

项目	抗拉强度/GPa	断裂生长率/%
对照竹单根纤维	0.83 (0.57)	5.85 (0.15)
6% NaOH 处理后	0.64 (0.40)	6.53 (0.22)
8% NaOH 处理后	0.68 (0.63)	6.06 (0.17)
10% NaOH 处理后	0.59 (0.31)	8.21 (0.25)
15% NaOH 处理后	0.59 (0.39)	19.42 (0.21)
25% NaOH 处理后	0.61 (0.19)	18.76 (0.30)

注：括号内为变异系数。

分析认为，纤维素微纤丝是细胞壁的主要承受物质，决定着细胞壁的刚性。木质素是纤维细胞壁的硬化、填充物质。脱除木质素只是破坏了纤维细胞壁的完整性，但是，单位面积内高弹性模量的纤维素微纤丝的含量得到提高，从而弥补了木质素脱除造成的影响。因此，脱除木质素对细胞壁模量的影响不大。而半纤维素与微纤丝以各种键态形式紧密结合，起着重要的黏合剂的作用而存在于纤维细胞壁内。半纤维素的脱除，破坏了微纤丝之间的结合，同时经 NaOH 溶液处理后，Na^+具有的超强的润胀作用又将以“水合离子”的形式将水分子带入纤维素分子链之间，使微纤丝之间的氢键减弱，细胞壁发生溶胀，从而使细胞壁模量呈明显下降趋势。此外，随着氢氧化钠溶液浓度的继续增加(15%和 25%)，纤维素的晶型从Ⅰ型到Ⅱ型发生转变，也是造成竹纤维细胞壁拉伸弹性模量和拉伸强度显著降低的一个重要因素(田根林，2015；陈红等，2014，2017)。

随着逐步脱除通过氢键跟纤维素相连的半纤维素，纤维素分子上更多的羟基释放出来，纤维素大分子链之间以氢键结合的形式进一步发生聚集(Ray *et al.*，2001)，纤维素微纤丝聚集体也更进一步聚集，同时，高浓度的氢氧化钠溶液处理，使纤维素的晶型结构发生了变化，导致竹材单根纤维的断裂伸长率明显增加。

另外，在研究化学成分的弹性常数对木材单根管胞力学性能影响时，Bergander 和 Salmen(2000a，2000b)认为，纤维素是影响管胞纵向力学性能的决定因素，半纤维素则决定管胞的横向力学性能。半纤维素结构之间的差异和不同部位木质素的差异对木材单根纤维的黏弹性的影响很大(Salmén *et al.*，2004)，半纤维素的黏弹性影响着木材单根纤维的蠕变行为(Navi and Stanzltschegg，2009)。总之，半纤维素对竹材单根纤维的力学性质起着非常关键的作用。

第二节　微纤丝角对竹材单根纤维力学性能的影响

微纤丝角是衡量细胞壁力学性质的决定因素之一，对单根纤维的弹性模量、断裂强度和断裂应变均有显著的影响(Page and El-Hosseiny，1983；余雁等，2003；田根林等，2010a)。

毛竹是重要的用材竹种，利用小角 X 射线散射技术测得的微纤丝角数值在 10°左右。Wang 等(2006)利用大角 X 射线散射技术研究毛竹微纤丝角时发现，竹青部位的纤维含量高，微纤丝角约为 10°，而竹黄部位由于薄壁细胞含量大，测得的竹材微纤丝角较大，约为 40°。竹纤维细胞壁次生壁中，厚层所占的比例在 80%以上，其微纤丝取向几乎与纤维轴向平行，使竹材的平均微纤丝角较小。

如图 4-1 所示，田根林(2015)以 12 种不同种类竹子的单根纤维为研究对象，采用单纤维拉伸技术，研究了微纤丝角在 7.31°～10.6°变化时的单根纤维的力学性

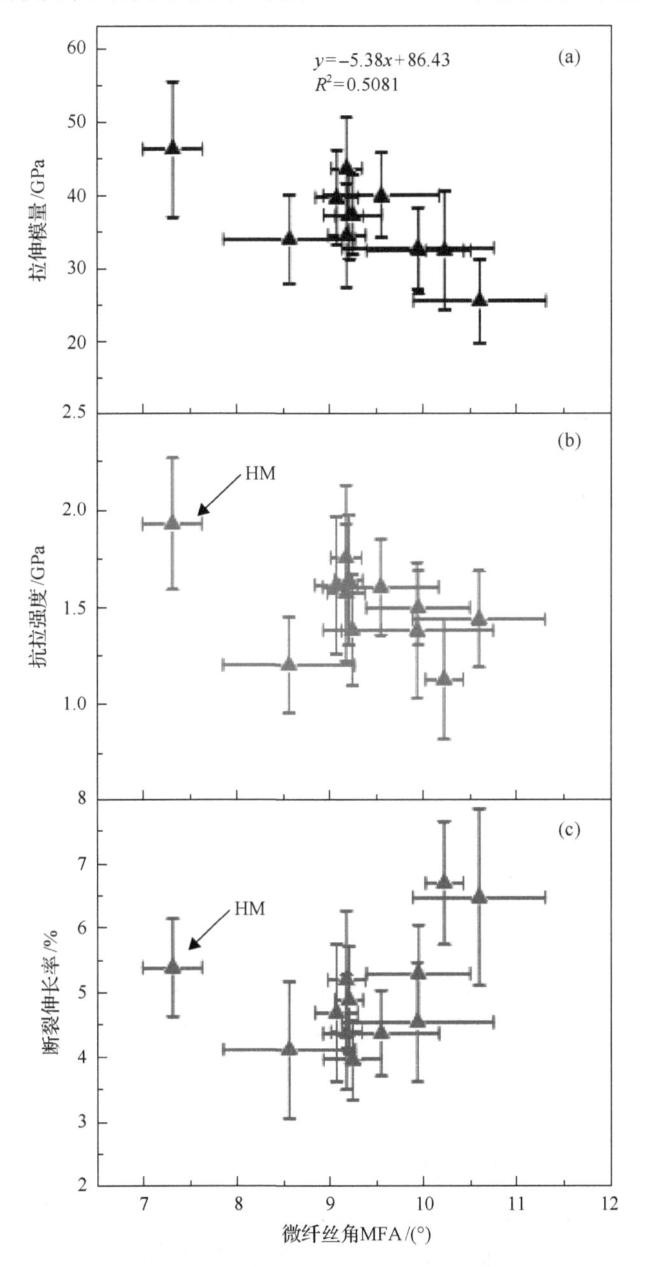

图 4-1　微纤丝角对竹材单根纤维力学性能的影响

能，指出微纤丝角与单根竹纤维的弹性模量显著负相关，与断裂伸长率显著正相关，与抗拉强度相关性不显著。

从图 4-1 可知，竹纤维的微纤丝角一般在 10°左右，当微纤丝角增加时，竹纤维拉伸模量呈降低趋势，两者显著负相关。例如，花眉竹微纤丝角为 7.31°，拉伸模量为 46.34 GPa，而撑篙竹微纤丝角最大，为 10.56°，但是拉伸模量只有花眉竹的 55%。Burgert 等(2003)对不同微纤丝角的木材单根纤维的拉伸测试也证实了微纤丝角与拉伸模量显著负相关。

对木材单根管胞的研究表明，微纤丝角越大，管胞的弹性模量和抗拉强度就越小，断裂伸长率就越大(Page *et al.*，1977)。当微纤丝角在 10°以下时，弹性模量随微纤丝角的变化较小；当微纤丝角为 10°～35°时，弹性模量随微纤丝角的增大几乎呈直线下降趋势；当微纤丝角大于 35°以后，微纤丝角对弹性模量影响较小，几乎趋于稳定。

由于竹纤维的微纤丝角区间范围较小，多为 7.31°～10.6°，因此，微纤丝角的变化对抗拉强度的影响并不显著。在拉伸过程中，微纤丝是单根纤维的主要承载结构，且在木质素、半纤维素基质内呈螺旋形排列，在拉力作用下，微纤丝与木质素、半纤维素之间产生相对位移，使拉伸应变增加。微纤丝角大的竹纤维，在相同的拉应力下，伸长量增加，弹性模量相对减小，断裂伸长率增大(田根林，2015)。

第三节　含水率对竹材单根纤维力学性能的影响

含水率的变化，对竹木材单根纤维的各项力学性能有着重要的影响。近几十年来，国内外学者在木材力学性能与含水率之间的关系方面，一致认为，在纤维饱和点以下时，含水率对木材的各种力学性能影响显著，一般会随含水率的降低而增大，当高于纤维饱和点时，含水率的变化对木材的力学性能基本无影响。然而，不同的木材力学性能指标对含水率变化的敏感程度不同，当含水量降到 10%以下时，进一步干燥反而会导致力学强度降低。

不同的化学组分，对含水率的响应也不一样。Cousins(1976，1978)通过从木材中分离半纤维素和木质素并模压成试件，然后进行力学测试，最早获得了含水率对木质素、半纤维素力学性能影响的重要数据。根据他的实验结果，含水率对半纤维素的弹性模量影响非常显著，从 10%到纤维饱和点范围内，数值从 8 GPa 降到了 1 GPa，但含水率为 0～10%时，对半纤维素弹性模量的影响很小。对于木质素，含水率为 3.6%～12%，弹性模量随含水率的增大从大约 6.8 GPa 呈线性降低至 3 GPa，之后趋势明显变缓。需要指出的是，这些数据与细胞壁内天然存在的木质素和半纤维素力学性能数据之间可能存在一定差异。早在 20 世纪 60 年代，Sakurada 等(1962)测定了纤维素的力学性能，其弹性模量为 130～180 GPa，并认为其对含水率的变化不敏感。细胞壁三大组分的上述力学性能数据之后在各种细胞壁力学模型中被广泛引用(Salmén，2004；Koponen *et al.*，1989；Yamamoto and Kojima，2002)。

然而，由于测试技术上的困难，有关含水率与木材细胞壁力学性能之间关系的实验研究却很少。唯一公开的报道是 Ehrnrooth 和 Kolseth(1984)的工作，他们对比了气干和饱水状态下单根木材纸浆纤维拉伸弹性模量之间的差异。近年来，单根纤维测试技术的出现，使含水率对单根纤维力学性能影响方面的深入研究成为可能。

竹材与木材类似，都是生物性材料。如图 4-2 所示，田根林(2015)以 12 种不同竹种的竹单根纤维为研究对象，采用单纤拉伸技术，研究了含水率变化对竹纤维力学性能的影响。结果表明，当含水率从 4.58%增加到 21.52%时，竹纤维拉伸模量降幅达 26.66%，抗拉强度降幅为 22.17%，而断裂伸长率上升了 7.17%。竹纤维的拉伸模量对含水率变化最敏感，抗拉强度次之，断裂伸长率最小。王汉坤等(2010a)在对气干状态下毛竹单根纤维的水分依赖特性的研究中，也得到了一致的结论。Yu 等(2011b)也得出相似的结果，同时发现，当含水率低于 10.8%时，拉伸强度对水分的变化不敏感。

竹材是吸湿性材料，随着含水率的增加，水分进入到竹纤维的细胞壁中，半纤维素吸湿后刚度显著降低，使得微纤丝之间的连接变得疏松，在外力的作用下，微纤丝之间产生滑移，导致纤维的拉伸应变及断裂伸长率增加，微纤丝之间产生滑移，微纤丝沿纤丝之间的界面断开，拉伸模量和抗拉强度降低。竹纤维的断裂伸长率对含水率变化敏感程度较弱，主要是因为竹纤维的微纤丝角的角度范围较小(田根林，2015)。总之，水分改变了微纤丝与基质间的连接以及化学组成成分本身的性质，导致拉伸时，细胞壁各层之间因为界面的弱化而更易滑移，最终影响了单根纤维的力学性能，降低了拉伸模量和抗拉强度，使断裂伸长率增大(王汉坤等，2010a)。

曹金珍(2001)从介电弛豫和热力学角度出发，对木材的水分吸着进行了研究，发现含水率较低时，水分子主要是与水分子结合，随着吸着的继续，含水率进一步增加，水分子才会逐渐与木材结合。这解释了竹材的含水率低于 10.8%时，单纤维的拉伸强度对水分的变化不敏感的现象。

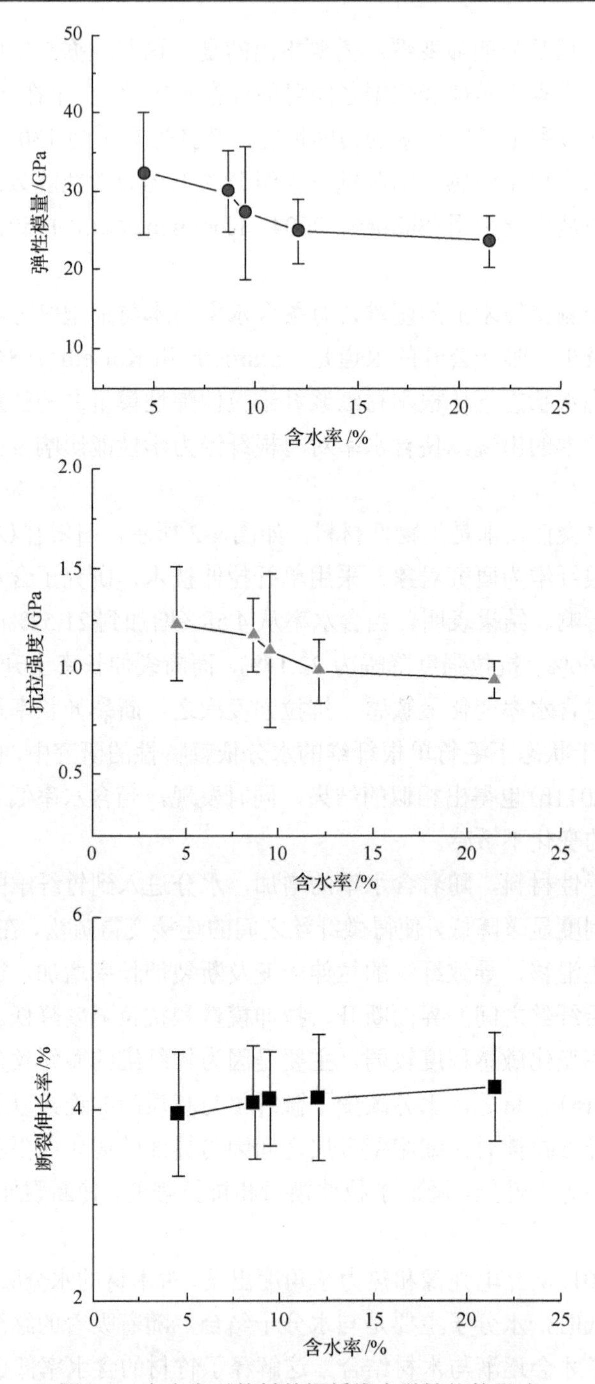

图 4-2　含水率对竹材单根纤维力学性能的影响

第五章　竹材细胞壁力学性能

竹材是我国的特有材料，有着浓郁的中国文化色彩。随着发扬传统文化和“两山理论”的提出以及消费升级的影响，竹材的使用范围和应用领域不断扩大，特别是与人相关的家居用品、纺织服装、建筑和装饰材料、医用材料、新能源材料等领域。竹材的这些应用是由竹材的性质决定的，而竹材的性质又是由竹材的实质物质——细胞壁决定的，因此，竹材细胞壁的力学性能至关重要。

由于竹材细胞壁尺寸微小（毛竹纤维细胞直径 15 μm 左右），细胞壁上存在纹孔分布无规律、微纤丝排列不均、壁层结构复杂等特点，使其微纳观力学性质的定量化变得极其困难。纳米压痕技术的出现，将传统的宏观材料力学研究量化到微纳观力学领域，使细胞壁力学的测试成为可能。

1997 年，Wimmer 等首次将纳米压痕技术引入到木材科学与技术领域，初步对云杉管胞细胞壁的力学性能进行了评价，得到了细胞壁 S2 层和中间层的纵向压痕弹性模量（MOE）和硬度。随后，Gindl 等（2002）、Gindl 和 Schöberl（2004）使用该技术分析了微纤丝角和木质化程度对管胞次生壁纵向压痕弹性模量和硬度的影响，紧接着，研究者探索了热力学精制、高温热处理、热压等改性方法对木材细胞壁力学性能的影响（Xing *et al.*，2008；Wang *et al.*，2014）。使用纳米压痕技术对竹材进行的研究始于 2003 年，随后，相关研究不断涌现（余雁等，2003；费本华等，2006；田根林等，2010b；Hu *et al.*，2017）。最近，有关热处理、压缩、预处理等因素对竹材细胞壁静态及动态力学性能影响的研究也相继出版，成为竹材研究的热点问题（Li *et al.*，2015，2016）。

第一节　纳米压痕技术

纳米压痕技术又称为深度敏感压痕技术，是近几年发展起来的一种新技术，它可直接在材料表面进行加卸载的力学测试，从荷载压痕曲线中实时获得接触面积，测试精度高，并具有纳米级的空间分辨率，适于检测微米或亚微米级薄膜或微型材料的力学性质。

一、纳米压痕技术原理

纳米压痕技术是通过测量加载和卸载过程中纳米级压头对材料的作用力与载荷深度，得到加卸载的荷载位移曲线，再通过记录数据和曲线推出材料的弹性模量、硬度、屈服强度、蠕变等力学性能的一种新技术(谢存毅，2000)。图 5-1 和图 5-2 分别为纳米压痕仪和纳米压痕设备简图。图 5-2 中，A 为样品，B 为压杆，C 为加载线圈，D 为支撑弹簧，E 为位移传感器，F 为横向力传感器。纳米压痕技术广泛采用的理论计算方法是 1992 年 Oliver 和 Pharr 提出的，也称为 Oliver-Pharr 方法(简称 O&P 法)，详见参考文献。图 5-3 是纳米压痕实验中典型的加卸载过程的载荷位移曲线。

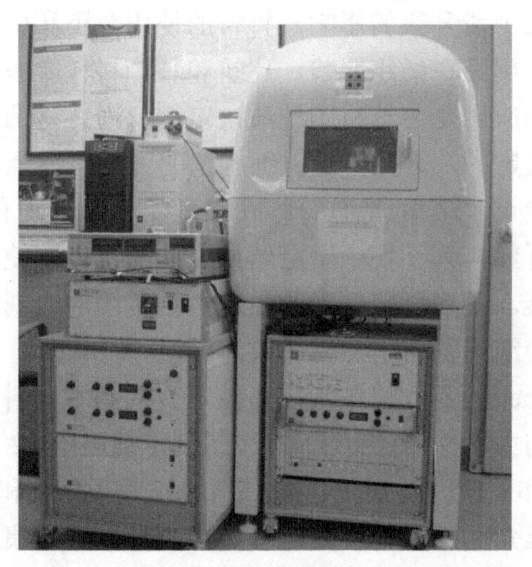

图 5-1　纳米压痕仪

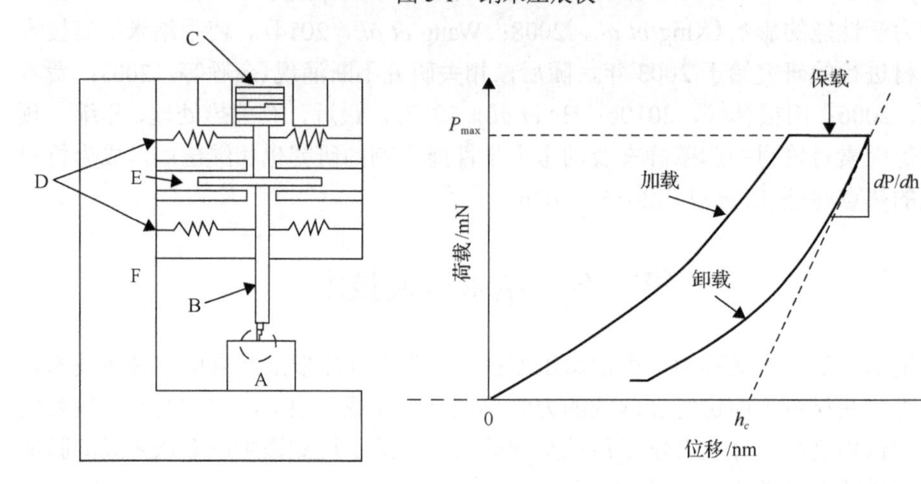

图 5-2　纳米压痕系统简图　　　　图 5-3　纳米压痕测试的载荷位移曲线

按照 Oliver-Pharr 法，玻氏硬度(也称纳米硬度)定义为

$$H = P / A \tag{5-1}$$

弹性模量可由下式算出。

$$1/E_r = (1-\nu^2)/E + (1-\nu_i^2)/E_i \tag{5-2}$$

式中，P 为最大压痕深度时压针上的载荷；A 为最大压痕深度时压痕的投影面积，由经验公式计算；E_r 为复合响应模量，由载荷压痕曲线及弹性接触理论计算得出；E_i、ν_i 分别为压针的弹性模量和泊松比，已知，在本章中，用的是 Berkovich 型探针，弹性模量和泊松比分别为 1141 GPa 和 0.07。要计算出 E(被测样品的弹性模量)，必须知道样品在该方向的泊松比 ν。一般而言，弹性模量对 ν 的值不敏感，而且，毛竹细胞壁要比金刚石软得多，因此不考虑样品泊松比 ν 的影响。

二、细胞壁力学研究现状

纳米压痕技术是一种非常前沿的测试技术，使用该技术能够得到竹材等生物质纤维细胞次生壁的弹性模量和硬度等力学指标。目前，在我国木材科学领域，仅有国际竹藤中心、中国林业科学研究院木材工业研究所(以下简称林科院木工所)和内蒙古农业大学拥有该设备，而竹材的相关方面的研究论文，多来自国际竹藤中心。

例如，国际竹藤中心的余雁等(2003，2006，2007)、费本华等(2006)使用原位成像纳米压痕系统对竹材细胞壁的纳米力学特性进行了系统的研究，指出竹纤维细胞壁的纵向弹性模量与横向弹性模量显著不同，分别为 16.1 GPa 和 5.91 GPa，但是，硬度在纵横向的差异不大；得到竹材薄壁组织细胞壁的纵向弹性模量和硬度分别为 5.8 GPa 和 0.23 GPa，仅相当于竹纤维对应力学性质的 1/3 和 2/3；从竹心到竹黄，竹纤维纵向弹性模量无显著变化，但硬度呈增大趋势。林科院木工所的刘波(2008)对 17 天至 6 年生的毛竹纤维细胞次生壁的力学特性进行了研究，指出木质素的含量和分布及纤维素结晶度，均与细胞壁力学性质正相关。美国的 Zou 等(2009)也通过纳米压痕仪测试得到了成熟毛竹细胞壁的力学性能数据。

近期，随着研究的深入，研究者不仅对竹材细胞壁的静态力学性能进行了详细的研究，而且对其动态力学性能也进行了较为深入的探讨，如竹纤维的蠕变和松弛特性，同时对热处理、热改性后加压密实化处理等改性方法对竹材细胞壁力学的影响也进行了深入的研究(Ren *et al.*，2015；Li *et al.*，2015)。这些研究能够为竹材的选择利用、功能优化及仿生应用提供合理的科学依据，具有非常重要的理论和实际意义。

第二节　竹材细胞壁的力学性能

本节有关竹材细胞壁的力学性能都是指静态力学性能。当竹材作为结构材及承重材使用时，其力学性能尤为重要。而微观细胞壁的力学性能，影响着宏观竹材的力学表现，所以，竹材细胞壁的力学性能研究意义重大。由于毛竹是主要的商业用竹，各项性能出色，因此，本书主要使用毛竹作为研究对象。

一、试件采集制备与测试方法

毛竹采自浙江省富阳市庙山坞林场，竹龄为 3 年，竹秆通直，生长良好。采伐后标注竹节，气干备用。

纳米压痕仪测试毛竹纤维细胞壁的力学性质时，试样的制备最为关键。在每株毛竹 2 m 高处竹节的中间部位锯取 2 cm 高的竹筒，沿竹筒径向劈制 1 mm 宽(*T*)的竹条，选择竹条上距竹青 1 mm 的位置，沿径向向内劈取 1 mm 厚(*R*)的小竹棍，注意小竹棍的制取应至少包含一个完整的维管束(图 5-4)。将 1 mm×1 mm×20 mm(*R*×*T*×*L*)的小竹棍放于纳米压痕仪所在的实验室条件下(温度 22℃，相对湿度为 44%)一晚上，使其温度、湿度一致，然后用 Spurr 树脂(Spurr，1969)将试样浸注于包埋管中，放在真空烘箱内抽真空后保压 12 h 左右，再以逐步升温方式加热到 70℃，保持 8 h 左右至树脂固化完全，固化过程中应保持试样主轴与树脂的柱面平行(图 5-5)。

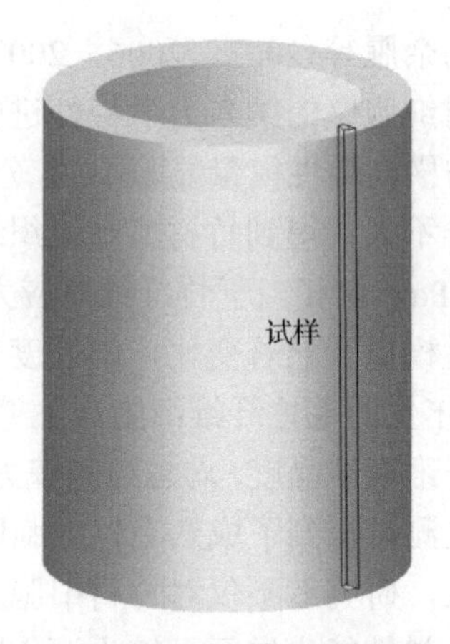

图 5-4　毛竹试样取样位置示意图

图 5-5　固化中的树脂包埋试样

需要指出的是，高分子的树脂会填充到竹纤维的细胞腔内，从而起支撑作用，便于随后的表面抛光处理。

由于纳米压痕测试对试样表面的光洁度有极高的要求，所以包埋块的表面(横切面)需要用超薄切片机抛光。首先用锋利的单面刀片将包埋块尖端的一层树脂除去，露出平整的试样横断面，然后以试样为中心修出正四棱台形，随后将试样固定于超薄切片机的试样台上，用玻璃刀修出光滑的表面，最后用钻石刀抛光，进刀厚度为 200 nm 左右。纳米压痕仪对样品的表面质量非常敏感，在移动和放置过程中要注意避免对样品表面的任何损坏，最好置于一个干净的离心管中，减少样品表面可能黏上的灰尘等物质。测试前将试样提前放于纳米压痕仪的测试仓内(温度 22℃，相对湿度为 44%)平衡 12 h 左右，使其温度、湿度一致。

压痕位置是决定被测试样力学性质的重要因素之一。若相邻压痕距离较近，其力学性质势必会互相影响。经过预测试，发现相邻压痕距离三个以上压痕尺寸时，其力学性质基本上不会互相影响，所以，压针时两相邻压痕的距离应至少大于三个压痕尺寸。

压痕深度也是决定被测试样力学性质的重要因素之一。余雁等(2003)对木材的研究表明，在 0～50 nm 的范围内，纵向硬度和弹性模量随压痕深度增加而急剧增大，认为这段区域是仪器的非可靠工作区，区域的大小由样品表面的粗糙度和压针的尖锐程度所决定，当压痕深度大于 50 nm 时，样品表面质量对实验结果的影响可以忽略，指出硬度和弹性模量在压痕深度 0～100 nm 时变化较大，此区域为仪器的不可靠工作区，大于 100 nm 时，硬度和弹性模量数值迅速趋向平缓，仪器进入可靠工作区。Tze 等(2007)对其他木材的研究结果也表明，当压痕深度大于 120 nm 以后，细胞壁的硬度和弹性模量不会发生显著变化。参照这些研究结果，试验选择 150 nm 作为毛竹纤维细胞壁的纳米压痕测试深度。

纳米压痕仪的测试速度和最大荷载是影响毛竹纤维细胞壁的力学性质的重要因素。试验沿用余雁等(2007)对毛竹纳米压痕测试的加卸载速度 50 μN/s。如图 5-6 所示，为了选择合适的最大荷载，作者以 50 μN/s 的速度，分别以 150 μN、250 μN、350 μN 的最大荷载进行纳米压痕测试，发现最大荷载为 150 μN 时，压痕尺寸太小，扫描后很难找到压痕点，而最大荷载为 350 μN 时，压痕尺寸过大，在有限的尺寸内所得的测试数据较少，所以最终选择最大力为 250 μN，加载、保载、卸载各 5 s。

测试选用的仪器为美国 Hystron 公司的 Triboindenter(图 5-1)，使用 Berkovich 压头，压针直径小于 100 nm。如上小节所述，测试的实验条件为：加卸载速度 50 μN/s，加载、保载、卸载各 5 s，最大力 250 μN。整个实验室包括纳米压痕测试仓的温度、湿度一直保持在 22℃和 44%左右。

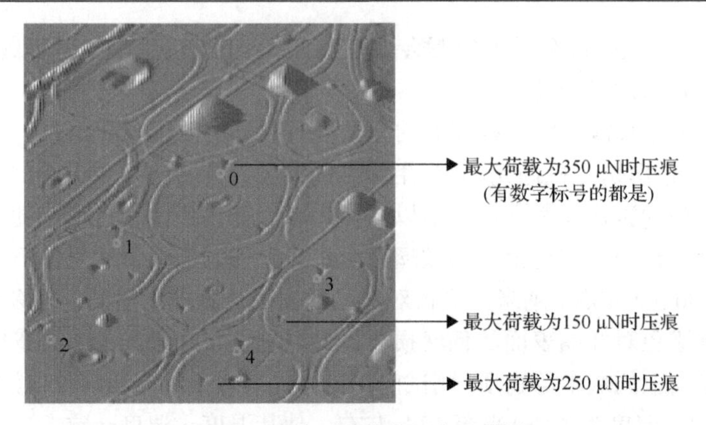

图 5-6　毛竹不同纳米压痕尺寸图

测试时，首先把试样置于水平定位平台上，利用仪器附属的光学显微镜观察并扫描试样的表面。选择一相对完整的维管束，将压针移到维管束中的纤维上方，选择纤维细胞壁(次生壁)的厚层位置进行压点，并使压点均匀分布在同一圆形纤维细胞的不同位置，以便消除微纤丝角和金字塔形压针的方向性引起的误差。毛竹纤维细胞壁的厚层的体积含量较高，微纤丝角也较小，对整个细胞壁的纵向弹性模量起支配性作用，而且厚层的尺寸较大，便于压针压入，因此压痕选择该位置区域。测试时保证同一维管束中至少选择有一定间距的 5 个以上的纤维细胞，有效压痕数大于 20 个。为了便于分析，压针压入前后对试样进行扫描，并保存相关图片。整个测试过程由计算机控制完成，计算弹性模量时取卸载曲线的 70%～90%。测试完采用原子力显微镜(AFM)对试样表面进行扫描，以便测试样品表面的纳米级平整度和压痕尺寸的规整度等指标(图 5-7)。

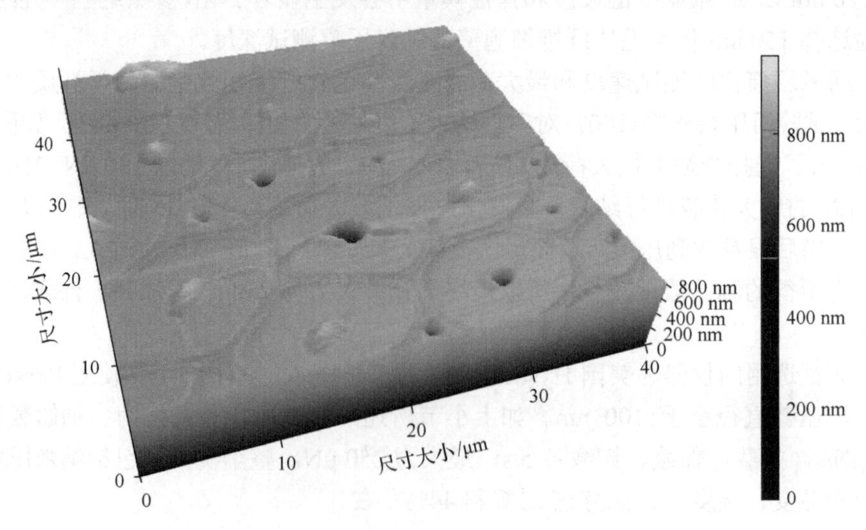

图 5-7　毛竹纤维原子力显微镜图

二、毛竹纤维细胞壁的弹性模量和硬度

如表 5-1 所示，三年生毛竹纤维细胞次生壁的弹性模量和硬度平均值分别为 22.02 GPa 和 0.6142 GPa，两者的变异系数均较小，分别为 7.15%和 4.32%。在所有测试的数值中，最小弹性模量为 19.48 GPa，最小硬度为 0.5648 GPa，均高于常见的针叶树种和阔叶树种木材(Wang *et al.*，2014)。

表 5-1 毛竹纤维细胞次生壁的弹性模量和硬度

毛竹纤维细胞次生壁	弹性模量	硬度
平均值/GPa	22.02	0.6142
最大值/GPa	25.29	0.6622
最小值/GPa	19.48	0.5648
标准差	1.5739	0.0265
变异系数/%	7.15	4.32

早在 2007 年，余雁等使用该纳米压痕技术得到了 6 年生毛竹纤维细胞壁的力学性能，其平均弹性模量和硬度分别为 16.01 GPa 和 0.36 GPa，比本研究者的数值偏低；Zou 等(2009)也使用该技术得到了成熟毛竹的平均弹性模量和硬度，其数值更低一些。分析原因，除可能与测试条件、环境和样品本身有关外，纳米压痕测试手段和制样技术的完善和成熟是主要原因。刘波(2008)也使用该技术对 4 年生近竹青处毛竹纤维细胞壁的平均弹性模量和硬度进行了测量，得到的数值分别为 22.56 GPa 和 0.5124 GPa，其中，平均弹性模量与本研究者的测试数据几乎相当，但是硬度略低，这与竹子的产地及生长环境和样品表面的粗糙度有关。最近，黄成建(2015)也采用该技术对 6 年生毛竹的细胞壁纳米力学性质进行了研究，并测试了纤维细胞壁的蠕变性能，同时，该学者还研究了热处理温度和时间对毛竹纤维细胞壁的纳米力学性质的影响，指出毛竹纤维细胞壁的弹性模量和硬度随热处理温度的升高逐渐增大，但是 170℃以后趋势变缓；热处理时间对毛竹纤维细胞壁硬度的影响并不明显，对弹性模量的影响仅在低于 170℃时较为明显。

三、毛竹纤维细胞壁的蠕变和松弛

竹材是黏弹性材料，在长期荷载情况下会发生蠕变和松弛现象。所以，如何提高竹材的抗蠕变性能，从而提升其长期安全性，是竹材作为承重和结构材料使用的关键。从微观层面上，研究毛竹纤维的蠕变和松弛性能对揭示其宏观表现具有重要的参考价值。

纳米压痕技术可以较为快速地获得竹纤维细胞壁的黏弹性，通过设置加载方式、荷载和时间，以及其他相关参数，可以获得竹纤维细胞壁的蠕变和松弛特性。其中，在对木材纤维细胞壁的黏弹特性研究中发现，蠕变率的大小取决于加载的载荷(Zhang *et al.*，2012)，且随着压力的增大而呈增大的趋势(Xing *et al.*，2008)。

如图 5-8、图 5-9 所示，采用纳米压痕技术，在载荷 400 μN、保载时间 200 s 的情况下，对 6 年生毛竹进行不同温度和时间的热处理后，其细胞壁的蠕变率和应变率比未处理材均有降低；当温度达到 190℃时，毛竹纤维细胞壁的蠕变率开

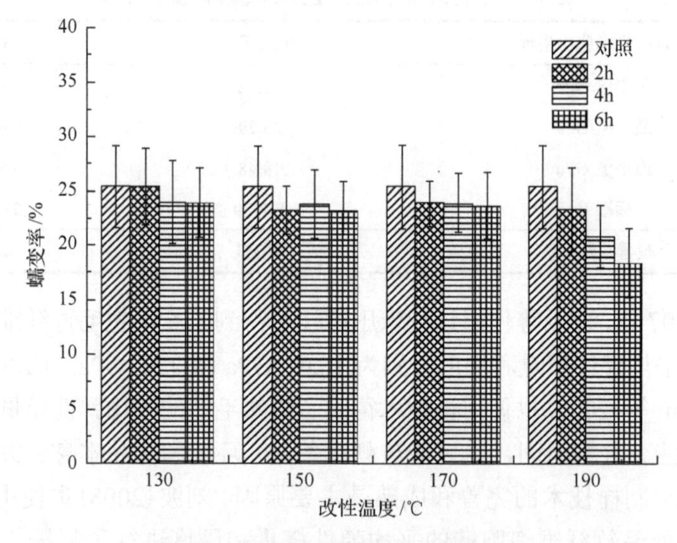

图 5-8　热处理毛竹材细胞壁蠕变率

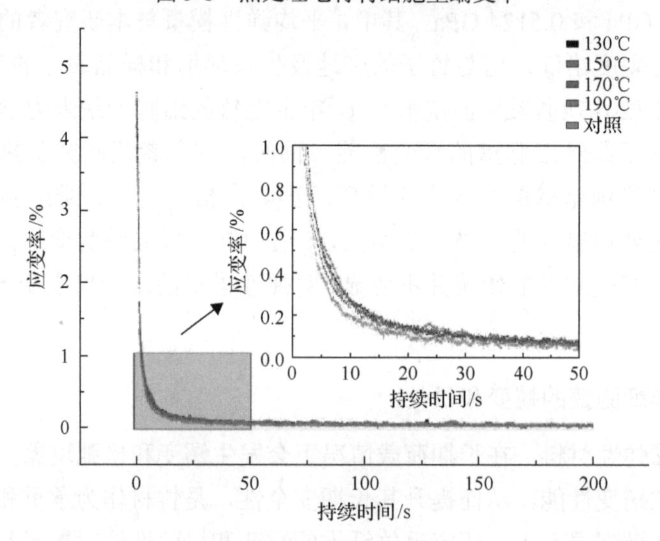

图 5-9　热处理时间为 4 h 时毛竹材细胞壁的应变率(彩图请扫封底二维码)

始随着热处理时间的延长而明显降低；热处理时间对毛竹纤维细胞壁的蠕变率和应变率的影响不显著；分析认为，在温度低于 170℃时，毛竹纤维发生了蒸发干燥、葡萄糖基脱水，以及少量的半纤维素热解，导致其细胞壁蠕变率和应变率变化不大，当热处理温度高于 170℃时，半纤维素的热分解加剧，特别是当温度达到 190℃时，非结晶区纤维素大分子链之间的水分脱除，纤维素分子链上的葡萄糖基开始分解，非结晶区所占比例减少，相对结晶度增加(黄成建，2015)。因此，在一定的温度和时间范围内，热处理促使竹纤维细胞壁的结晶度增大，刚性增强，蠕变率和应变率降低。

第三节　竹材纤维细胞壁的动态力学性能

竹材是天然高分子的纤维素、半纤维素和木质素通过复杂的方式聚合在一起的黏弹性材料。当竹材用作桥梁、建筑、家具、集装箱底板等结构或承重部件时，在使用的过程中，长期处于动态变化的荷载条件下，会发生弹塑性变形，该变形若在一定的范围内，可使竹构件保持足够的刚度和黏度来维持形状的稳定，避免过高的脆性引起主体结构的破坏。因此，对竹材的动态黏弹性研究具有十分重要的意义，而对竹材细胞壁动态力学特性的研究，是从微观本质的层面上探索竹材的黏弹性，具有重要的指导意义。

动态纳米力学分析技术(nano-dynamic mechanical analysis，Nano-DMA)是通过改变准静态或动态加载幅值或动态频率中的任何一个参数，从而获得振幅和相位数据，由此可以得到材料的阻尼、刚度、tanδ、储能模量、损耗模量等数值的一种新型的测试分析方法，已被广泛应用于材料科学领域。纳米压痕技术中的纳米动态力学分析技术非常适合研究竹纤维细胞壁的纳米动态力学特性。

如图 5-10 所示，采用纳米压痕动态力学分析技术，以加载频率为变量，在增加动态频率模式下，设置静态负荷 100 μN、动态负荷 10 μN，每个频率下谐波循环 100 周期(10～200 Hz)，结果发现，热处理后毛竹纤维细胞壁的储能模量比未处理材有所升高(未处理材在频率为 200 Hz 时的储能模量比频率为 10 Hz 时增大了 22.5%)，而损耗模量有所降低，但温度越高效果越不明显(未处理材在频率为 200 Hz 时的相对损耗模量比频率为 10 Hz 时降低了 65.9%)；然而，热处理时间对毛竹纤维细胞壁的储能模量和损耗模量影响不大(黄成建，2015)。

随着热处理温度的升高，毛竹纤维细胞壁中的半纤维素逐步发生热解，支化度随之下降，导致松弛时所需的内耗降低，黏滞性减小，引起损耗模量减少；另外，当热处理温度超过木质素和半纤维素分子的玻璃化转变温度时，这些组分逐渐变为流动态，分子间的摩擦力减小，使得损耗模量随之减小；同时，热处理时

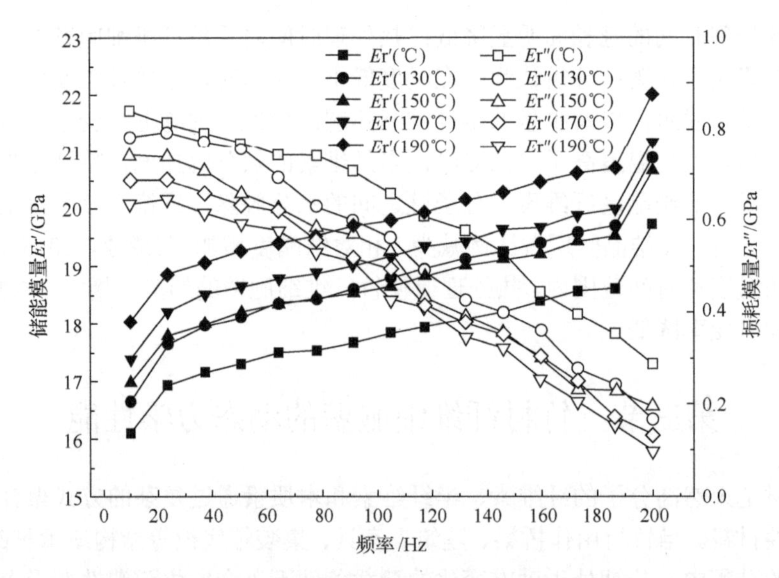

图 5-10 不同热处理温度下的毛竹材细胞壁储能模量和损耗模量

不断增高的温度，为纤维细胞壁内原本以玻璃态存在的生物大分子，提供了分子运动所需的能量，使细胞壁非结晶区的部分分子链段及支链产生热运动，使毛竹的结晶度在热处理的初期有一定程度的增加，储能模量随温度升高逐渐增大(黄成建，2015；Kishi *et al.*，1979；Liu *et al.*，2012；Li *et al.*，2015；Liese，1998)。

早在 2012 年，Tian Zhang 等利用纳米动态力学分析技术研究了硬木细胞壁的黏弹特性，结果也发现，当动态测试频率范围为 10～240 Hz 时，储能模量会随着频率的升高呈增大趋势，而阻尼系数会逐渐降低。2015 年，Li 等也使用动态纳米压痕测试技术，探索了热处理温度对 6 年生竹纤维细胞壁力学性能的影响，获得的测试结果与该章内容相一致。

随着竹龄的增大，毛竹纤维细胞壁的储能模量随着加载频率的增加呈上升趋势；在相同加载频率下，竹龄越小，储能模量越高；而损耗模量与之相反。随着竹秆高度的增加，毛竹纤维细胞壁的储能模量随加载频率的增加而增大；在相同加载频率条件下，储能模量随高度的增加而下降；而损耗模量则随着加载频率的增加呈现出减小的趋势，在相同加载频率下，不同竹秆部位的损耗模量差异不大。在竹壁的不同部位，毛竹纤维细胞壁的储能模量随加载频率的增加而增大，近竹青位置处的储能模量稍大于竹肉和近竹黄部位的储能模量；而损耗模量会随加载频率的增加而降低，但是，若加载频率相同，则无显著差异性(图 5-11)(殷丽萍，2015)。

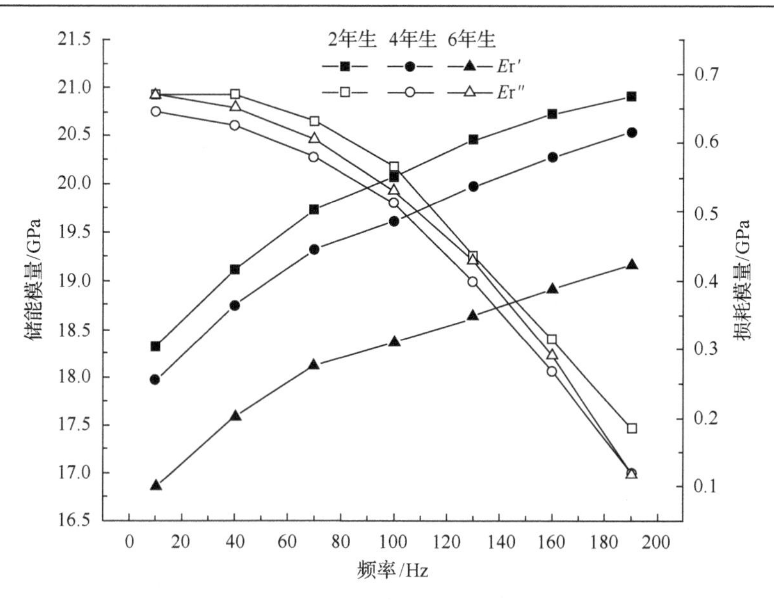

图 5-11　不同竹壁部位的毛竹材纤维细胞壁动态力学性质

第六章　竹材细胞壁力学性能的主要影响因子

竹材生长迅速、比强度高，是木材的最优替代品。而竹材的工业化综合利用，多数取决于竹材的力学性能。作为一种天然高分子的聚合材料，竹材的力学性能受很多方面影响，如自身的结构、化学成分、含水率、微纤丝角以及结晶度等。与此同时，学者们一直运用各种方法和手段来探明其结构与力学性能的关系，从而探索竹纤维所体现的高强度的力学特性以及背后蕴含的极其深刻的结构设计原理，并同时运用环保高效的改性方法提高竹材的力学性能，为综合利用提供最全面的理论指导。为提高竹材的综合性运用，对竹材进行绿色以及高效的湿热处理，通过研究发现，在潮湿以及高温的条件下，竹材细胞壁中的三大素会发生一定量的降解，其中，半纤维素的降解尤其明显，羟基的含量下降，这使竹材的吸水、吸湿性降低，而化学组分以及含水率的变化也会使得竹材的力学性能有一定程度的改变。鉴于此，本章主要讨论化学成分、含水率及湿热改性对竹材细胞壁力学性能的影响。

第一节　化学成分对竹材细胞壁力学性能的影响

竹材细胞壁的化学组分与木材相似，主要由纤维素、半纤维素及木质素三大组分所构成。纤维素没有分支链，是线性的高分子聚合物，纤维素分子链高度定向排列，形成有序的微纤丝结构，成为竹材细胞壁强度的主要构成因素。纤维素分子之间存在着大量的氢键，使分子间高度结合。定向程度高的区域，称为结晶区，结晶度越高，竹材细胞壁的力学强度也越高。竹材细胞壁中的半纤维素作为一种与纤维素以及木质素的黏结剂，是由两种或两种以上的糖基组成的复合聚糖的总称(Timell，1967；Patel *et al.*，2007)。半纤维素能够在一定程度上增加竹材细胞壁的刚性，但是并不如纤维素对力学的贡献大(Fry，1989；Scheller and Ulvskov，2010)。而木质素是三维立体排列的天然高分子聚合物，具有 3 种基本单元，分别为愈创木基单元、紫丁香基单元以及对羟苯基单元。木质素具有增强竹材的机械强度和抵抗微生物侵害的能力。在竹材细胞壁的不同位置中，木质素的含量也有所不同。在细胞壁的主要化学组分中，木质素的防水性能最好，主要起包围和结壳的作用。通常，在细胞壁的角隅和胞间层内，木质素的含量最大。在现有的研究中发现，纤维素对细胞壁的纵向力学起了决定性的作用，而半纤维素和木质素则对细胞壁的横向力学有主导作用(Bergander and Salmén，2000a，2000b)。

Salmén 等通过傅里叶红外光谱实验检测到针叶材的管胞中，化学成分随着拉伸应力的分子响应，并由此发现，纤维素与半纤维素中的葡甘露聚糖紧密联结，而木质素则与木聚糖紧密结合(Salmén，2004)。而该团队为了进一步研究半纤维素对各个化学基团以及对细胞壁结构的影响，用不同浓度的碱溶液对细胞壁中的半纤维素进行脱除，此时发现，将木聚糖脱除后的微纤丝集体的尺寸变化较小，而当把葡甘露聚糖脱除后，微纤丝的集体尺寸出现了较大程度的增加，这说明了葡甘露聚糖与纤维素的关系(Salmén and Burgert，2009)。张双燕(2011)用单根纤维拉伸技术以及纳米压痕技术表征选择性脱除木质素和半纤维素的杉木管胞处理前后的细胞壁力学性质的变化，对比分析后发现半纤维素对细胞模量、强度以及断裂伸长率影响较大，而木质素对细胞壁的硬度、拉伸强度和断裂伸长率有着显著的影响，而对细胞壁的硬度则影响不大。

田根林选择 4 年生的毛竹作为实验的研究对象，分别利用酸化亚氯酸钠溶液和氢氧化钠溶液逐步脱除竹材样品细胞壁内部的木质素以及半纤维素，并利用光谱分析以及单根纤维拉伸技术来表征脱除木质素以及半纤维素前后的化学成分变化以及竹材纤维和细胞壁力学本质的变化，探讨化学成分对竹材细胞壁力学性能的影响(田根林，2015)。

图 6-1 是细胞壁基质脱除过程的红外光谱分析图(800～1800 cm^{-1})，A-A 为离析的纤维样品，A-B 为脱除木质素的纤维样品，A-C 为脱除半纤维素的纤维样品。从图 6-1 中可以看到，不同的曲线的峰位有所不同，表 6-1 展示了细胞壁聚合物的特征峰及其归属(Liang and Marchessault，1959；Marchessault and Liang，1962；Schwanninger *et al.*，2004；Stevanic and Salmén，2009；田根林，2015)。

结合图 6-1 以及表 6-1 可得，在过氧化氢和冰醋酸离析后的样品中，1508 cm^{-1} 和 1426 cm^{-1} 处吸收峰强度降低，说明在离析后，木质素的含量有所降低。在酸化亚氯酸钠处理后的样品的傅里叶曲线中，在 1508 cm^{-1} 的特征峰消失，1426 cm^{-1}

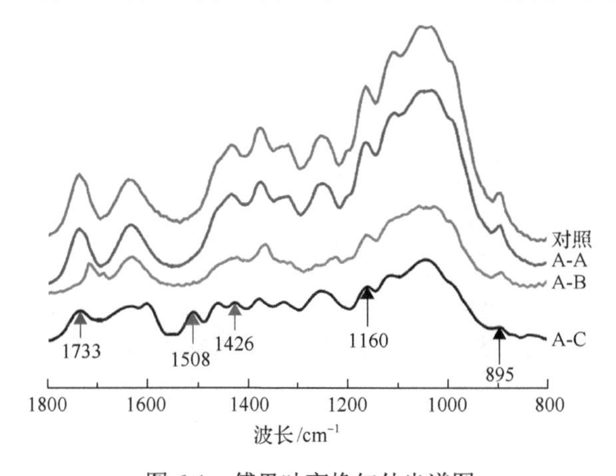

图 6-1　傅里叶变换红外光谱图

表 6-1　细胞壁聚合物特征峰及其归属

细胞壁聚合物	波数/cm^{-1}	谱峰归属
木质素	1508	苯环伸缩振动
木聚糖	1734	C=O 伸缩振动
	1600	C=O 伸缩振动
葡甘露聚糖	810	甘露糖骨架振动
纤维素	898	C—H 变形
	1160	C—O—C 非对称伸缩振动
	1316	CH_2 摇摆振动
	1368	C—H 弯曲振动

的特征峰降低，说明木质素在样品中被进一步去除。而经过碱处理后的曲线中，1734 cm^{-1} 的吸收峰消失，表明半纤维素的木聚糖被除去，同时 1423 cm^{-1} 处的特征峰降低，说明木质素的苯环被影响，发生了进一步的降解。而在整个化学处理过程中，纤维素的特征峰始终被检测到，说明该化学处理只对半纤维素和木质素有脱除效果。

由图 6-2 可得，木质素的脱除对竹纤维的拉伸弹性模量影响不大，但是半纤维素的脱除则对竹纤维的拉伸弹性模量有较大的影响。木质素作为一种硬化基质，被去除后，微纤丝的含量有所提高，作为承受荷载的主要物质，微纤丝含量的提高在一定程度上填补了木质素脱除而造成的缺陷。而半纤维素的脱除过程中，由于碱性的反应溶液会对纤维素分子有一定的影响，氢键也随之减弱，纤维素晶体也会发生一定的晶型转变，因此，拉伸的弹性模量随之降低(张双燕，2011；田根林，2015)。

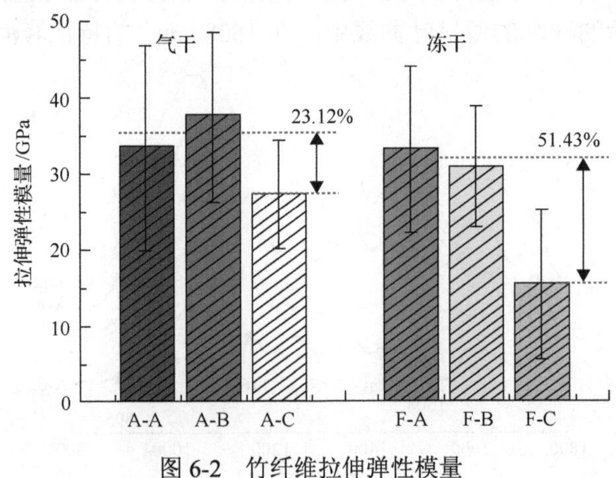

图 6-2　竹纤维拉伸弹性模量

图 6-3 为竹纤维基质脱除过程的抗拉强度。由图 6-3 可以看出，被气干的竹

纤维，随着基质的脱除，抗拉强度略微降低，而冻干后的竹纤维，随着基质的脱除，抗拉强度逐渐降低，而且降低的幅度较大，下降幅度为54.65%。在冻干状态下，基质的脱除使纤维表面出现了许多孔隙，破坏了细胞壁结构的整体性，使抗拉强度的下降幅度大。而气干的过程中，细胞壁的微纤丝发生重聚，并且紧密结合，抵消了因为木质素以及半纤维素的脱除而引起的抗拉强度下降(张双燕，2011；田根林，2015)。

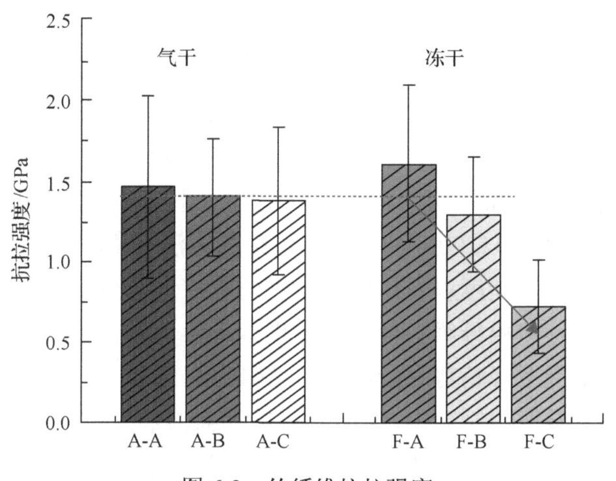

图 6-3　竹纤维抗拉强度

图 6-4 为竹纤维拉伸断裂伸长率，由图 6-4 可以看出，木质素的脱除对竹纤维拉伸断裂伸长率的影响不大，而半纤维素的脱除对竹纤维拉伸断裂伸长率的影响较大。此外，冻干的竹纤维要比气干的竹纤维的伸长率更大。这是由于冻干的竹纤维在脱除木质素以及半纤维素后，孔隙比气干的竹纤维要多，因此在承受拉伸应力的时候，应变的幅度会更大(张双燕，2011；田根林，2015)。

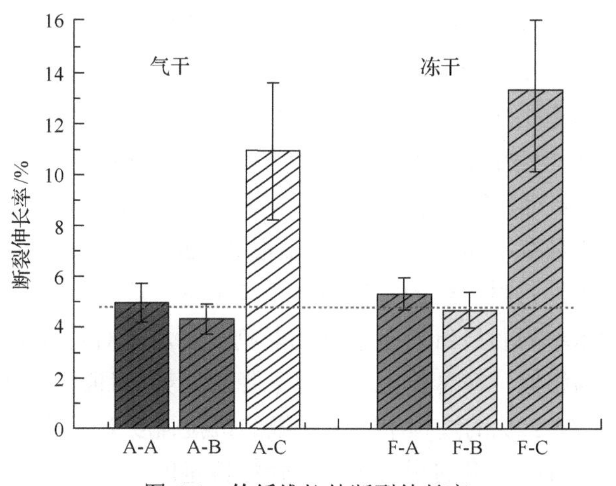

图 6-4　竹纤维拉伸断裂伸长率

第二节　含水率对竹材细胞壁力学性能的影响

竹材的含水率对竹材细胞壁有相当大的影响，是竹材力学性能的重要指标之一。随着周围环境相对湿度的变化，竹材的细胞壁会随之发生吸湿和解吸，这是竹材等植物细胞壁的固有特性。含水率的变化导致竹材微观细胞壁的力学特性发生改变，竹材的宏观力学特性也随之改变。现有的文献表明，在细胞纤维饱和点以下时，含水率对竹材的宏观力学性能有显著的影响。Ehrnrooth 和 Kolseth 通过自行研发的单根纤维拉伸装置，在相对湿度为 50%的饱和水条件下，对木材纸浆进行了单根纤维测试，发现在装置连续加载的过程中，纤维的弹性模量以及蠕变都与报道的数据相似，而残余的形变则随着含水率的增加而增加(Ehrnrooth and Kolseth，1984)。Wang 等(2006)利用纳米压痕的方法，发现在纤维饱和点以下时，竹材纤维的压入模量、硬度以及压缩模量都与含水率的变化呈负相关。张双燕等通过对竹材纤维进行单根纤维拉伸试验发现，纤维的弹性模量和抗拉强度都随着含水率的增加而呈现下降趋势(张双燕等，2012)。

田根林在微型湿度控制箱中，同时利用饱和盐溶液来控制竹材样品的含水率，开展竹材细胞力学性能的纳米压痕实验以及单根纤维拉伸力学测试，以获得含水率对竹材纤维细胞力学性质的影响(田根林，2015)。

研究表明，随着含水率的逐渐升高，竹材样品的压入模量逐渐降低。在含水率为 5.24%时，其压入模量为 22.93 GPa，而当平衡含水率为 13.14%时，其压入模量则降为 19.55 GPa，下降的幅度达到约 15%。若考虑线性回归分析，则含水率与压入模量呈负相关，变化趋势明显。

图 6-5 是含水率对细胞壁压入硬度的影响(田根林，2015)。由图 6-5 可得，含水率越高，竹材样品细胞壁的硬度越低。与此同时，从线性回归方程来看，含水率对硬度的曲线斜率比含水率对压入模量的斜率更大，这说明含水率对竹材硬度的影响比对压入模量的影响更大。这是由于细胞壁中的半纤维素、木质素等基质的力学性能对于含水率的敏感度比纤维素对含水率的敏感度更高(Salmén，2004)。

图 6-6 为含水率对拉伸模量的影响，由图 6-6 可以看出，随着含水率的增加，竹材纤维的弹性模量有明显下降的趋势(田根林，2015)。图 6-6 中含水率从 5%增加到 22%的过程中，竹材纤维的拉伸弹性模量下降了约 27%。

图 6-7 为含水率对竹纤维抗拉强度的影响，含水率对竹纤维抗拉强度的影响与弹性模量的影响相似，在总体上也呈现下降的趋势(田根林，2015)。图 6-7 中含水率从 5%增加到 22%的过程中，竹纤维的抗拉强度下降了约 22%。此外，含水率对竹材纤维的抗拉强度的影响小于对弹性模量的影响。

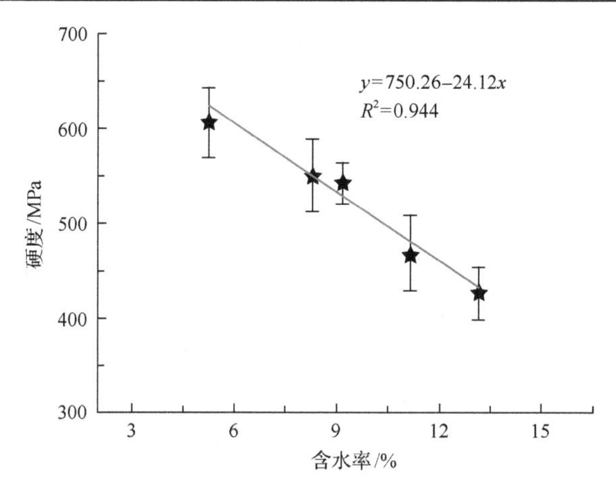

图 6-5　含水率对细胞壁压入硬度的影响

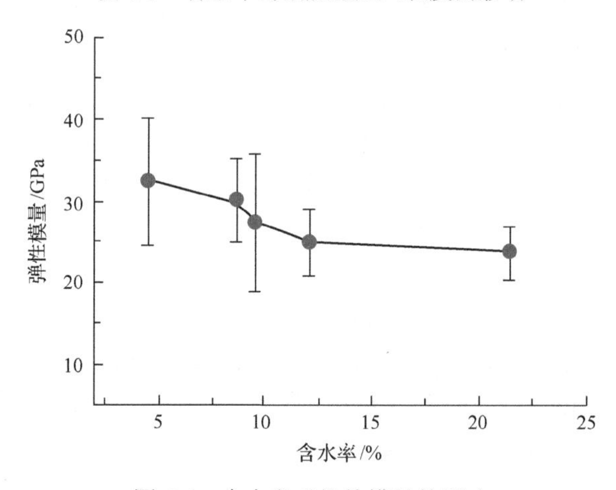

图 6-6　含水率对拉伸模量的影响

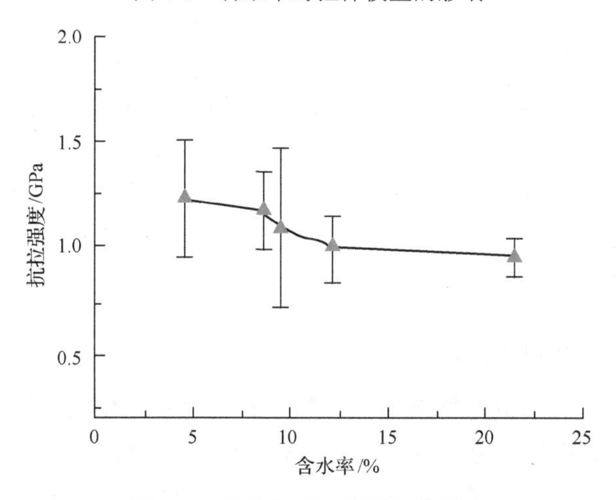

图 6-7　含水率对抗拉强度的影响

随着含水率的逐渐增加，竹纤维细胞壁中的半纤维素以及木质素的刚度下降，羟基与水分子结合形成氢键，微纤丝与基质的结合不再紧密，当受到外部施加的力时，微纤丝之间发生了相对的滑动，使得竹材纤维的抗拉应变增加。因此，当含水率增加时，竹材纤维的刚度以及强度有所降低。

第三节 湿热处理对竹材细胞壁力学性能的影响

竹木材中含有大量的微纳米级孔隙和半纤维素、纤维素等吸湿性很强的物质(主要是羟基)，使竹木材及其制品在加工和使用过程中经常发生吸湿变形，严重影响生产成本和使用寿命。为了使竹木材发挥更大的作用，需要对竹木材进行处理，以降低成本并满足多方面的使用要求。

研究发现，湿热处理是提高竹木材及其制品尺寸稳定性、耐久性和抗生物劣化性的高效、环保的改性方法(Navi and Girardet，2000)。相对于普通的热处理，湿热处理对竹木材的作用更为迅速和剧烈，能使其中的纤维素、半纤维素和木质素的玻璃态转变点显著降低，传质阻力大幅降低，吸湿性物质快速减少，尺寸稳定性和耐久性显著提高，力学性质发生改变(Hu *et al.*，2017；Metsä-Kortelainen *et al.*，2006)。另外，竹材宏观上的尺寸稳定性也得以提高(关明杰和张齐生，2006；Esteves *et al.*，2007；Hillis，1984；Poletto *et al.*，2012；齐华春等，2005)。蒸汽能够进一步软化竹材，这使得在高温干燥以及改性的过程中，竹材样品表面与内部的含水率差异减小，因此在高温条件下，减小应力的产生，由此减少了竹材的开裂(Rietz and Torgeson，1937；Koch，1985)。此外，由于热量的传递方向与水分蒸发的方向达到一致，干燥以及改性的速率加大，效率得以提高。

以 4 年生散生竹毛竹和丛生竹慈竹作为实验的研究对象，采用自主研发的高温过热蒸汽烘箱对竹材进行高温湿热处理，分别在 160℃、180℃、200℃和 220℃的条件下对以上两种竹材进行 1.5 h 的处理，得到不同湿热处理条件的竹材样品。同时，采用多种方法研究竹材经过湿热处理后的微观壁层结构的变化、化学组分以及力学特性的变化，研究湿热处理对竹材的改性机制，加深对竹纤维细胞壁物化结构机制的理解，同时获得竹材改性处理的最佳条件，为工业生产中的工艺制定及参数优化提供科学的理论依据，并为竹纤维的增值化利用以及开发新的生物质能源转化途径提供重要的理论支持。

一、试件采集制备与测试方法

选用四川省宜宾市世纪竹园 4 年生散生竹毛竹和丛生竹慈竹作为原材料，如图 6-8 所示。选取竹材离地 2 m 的地方，往生长方向锯截 2 m 高的试样，自然气干直至含水率为 12%～15%。然后分别将其锯截成 30 mm(L)高的圆盘，每个圆盘沿离竹青向内 1 mm 位置处，锯取尺寸为 30 mm(*L*)×7 mm(*T*)×1 mm(*R*)的竹片[图 6-8(c)，图 6-8(d)和图 6-8(f)]。最后，将圆竹盘上同一纵向位置的试样分为一组，分别进行图 6-8(d)所示的不同温度、湿度下的湿热处理，时间为 1.5 h，处理后置于干燥器中冷却，与常温对照组一起置于干燥器中保存。

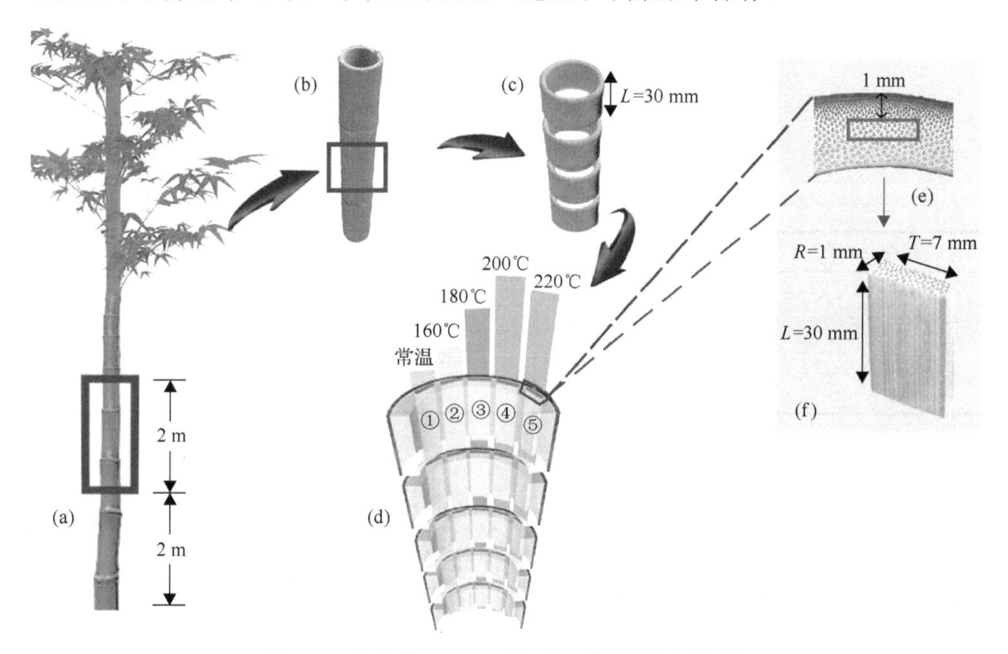

图 6-8　竹材样品制备及处理、检测位置示意图

二、竹材湿热处理的物理变化

(一)颜色变化

如图 6-9 所示，随着温度的升高，毛竹的颜色从浅黄色到浅棕色到深棕色不等。说明竹子的颜色受木质素变化和抽提物组成的影响很大(Bekhta and Niemz，2003)。SP 60 分光光度计得到的竹材湿热处理过程中颜色的变化如表 6-2 所示，由表 6-2 可知，样品的 L^*值随温度的升高而降低，说明颜色随温度的升高而变暗(Shi *et al.*，2018)，这主要是由抽提物在竹材表面迁移所引起的(Shi *et al.*，2018)。

ΔE 值随温度的升高而明显升高，这是由木质素的变化引起的，随着处理温度的升高，木质素中的 β-*O*-4 裂解，形成颜色较深的醌类和酚类物质(Chen *et al.*，2012；Brosse *et al.*，2010)。另外，经湿热处理后，羟基被氧化成发色基团羰基和助色基团羧基，毛竹颜色随之变深(Cao *et al.*，2012)。

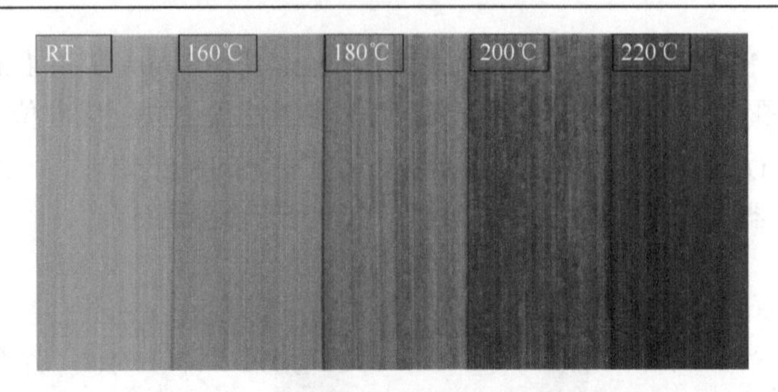

图 6-9　不同湿热处理后样品的颜色变化

表 6-2　不同湿热处理后竹材的色值变化

温度	对照	160℃	180℃	200℃	220℃
L^*	74.20	67.00	61.40	50.76	43.09
a^*	3.80	7.39	8.22	8.73	8.24
b^*	25.02	26.55	24.10	20.00	16.12
ΔE		8.19	13.57	24.47	32.66

(二)接触角变化

如图 6-10 所示，在相对湿度 117%时，毛竹接触角随湿热处理温度的升高而增大。220℃处理样品的接触角约为常温样品接触角的 3 倍[图 6-10(b)]。分析表明，湿热处理对竹材表面的润湿有负面影响，随着温度的升高，影响越来越明显。表 6-3 显示在 117%的相对湿度下，毛竹的径向、弦向和体积湿胀率随温度的升高而减小，分别减小了约 12.73%、2.70%和 16.48%(Lahtela and Kärki，2016)。

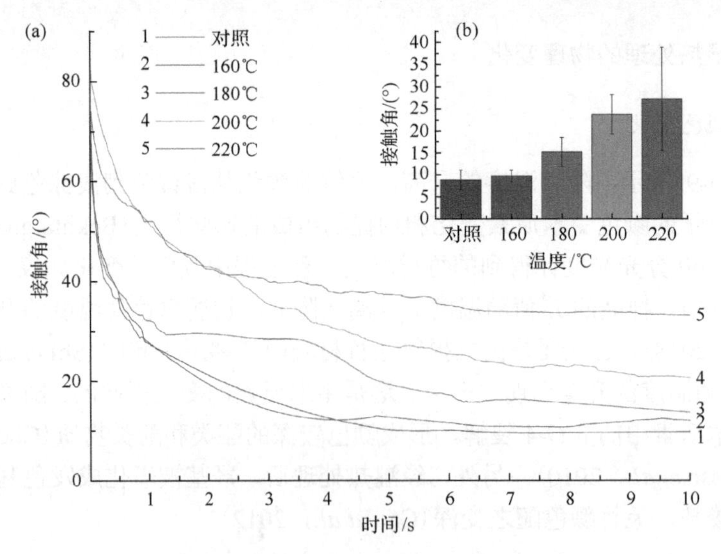

图 6-10　不同湿热处理对毛竹接触角的影响

(a)接触角随时间的变化曲线；(b)第 5 秒时样品的平均接触角

表 6-3　不同湿热处理后毛竹湿胀率的变化　（单位：%）

毛竹湿胀方向	对照样	160℃	180℃	200℃	220℃
径向湿胀率	16.66	10.91	7.72	4.16	3.93
弦向湿胀率	5.99	4.35	3.88	3.40	3.29
体积湿胀率	23.98	16.07	12.16	7.87	7.50

这个现象是亲水性聚合物半纤维素的降解引起的（Van Nguyen *et al.*，2018）。此外，湿热处理后，抽提物迁移到竹材表面，从而进一步降低表面的亲水性（Bastani *et al.*，2015）。湿热处理过程中，随着温度的升高，半纤维素中吸湿性的游离羟基逐渐减少，故疏水性增加，接触角增大，湿胀率降低（Herrera *et al.*，2015）。因此，改性竹材的性能优于天然竹材（Zauer *et al.*，2014）。

木质素中的游离羟基的含量远低于半纤维素中的游离羟基的含量，通过下文中对木质素的化学成分分析可知，随着湿热处理温度的升高，木质素的相对含量增加，从而导致吸水性降低，接触角增大，湿胀率降低（Yang and Pan，2016；Bastani *et al.*，2015）。

（三）SEM 分析

竹子是以厚壁纤维为强化相，以薄壁细胞为基体的典型的天然非木复合材料。它具有多层薄厚不一的次生壁亚层，次生壁壁厚占整体细胞壁厚的 90%以上。如图 6-11 所示，纤维和薄壁细胞均在 200℃和 220℃、相对湿度为 117%的条件下发生了明显的分层，胞间层的裂隙增加，并随着温度的升高而加剧（图中深灰色箭头）（Shi *et al.*，2018）。与薄壁细胞相比，纤维细胞的这些变化尤为明显。其原因是竹纤维细胞壁厚层和薄层中木质素的含量和微纤丝角的不同，薄层的木质素含量较高，微纤丝角较大（Hu *et al.*，2017），导致湿热处理时薄层、厚层干缩不均，分层加剧；随着湿热处理温度的升高，纤维细胞壁中的水蒸气蒸发，半纤维素和小分子物质降解，从而导致厚层和薄层之间的收缩和变形加剧。薄壁细胞的细胞壁虽然也是多层的，但各层的厚度无明显变化，各层的 MFA 的差异也远小于纤维各层，所以分层不如纤维细胞明显（Liu *et al.*，2010；Hu *et al.*，2017）。

与此同时，湿热处理后纤维细胞和薄壁细胞的胞间层和细胞壁上出现孔隙。在 220℃时孔隙增加[图 6-11（b）、图 6-11（c）、图 6-11（e）和图 6-11（f）中的白色箭头]。这是由于细胞壁中的半纤维素和抽提物降解成小分子物质，随后挥发出去（Sharma *et al.*，2004；Song *et al.*，2018；Windeisen *et al.*，2007）。随着温度的升高，小分子物质的挥发明显增加，从而导致孔隙的形成（Sharma *et al.*，2004）。为了进一步研究这些变化产生的原因，作者进行了化学成分试验。

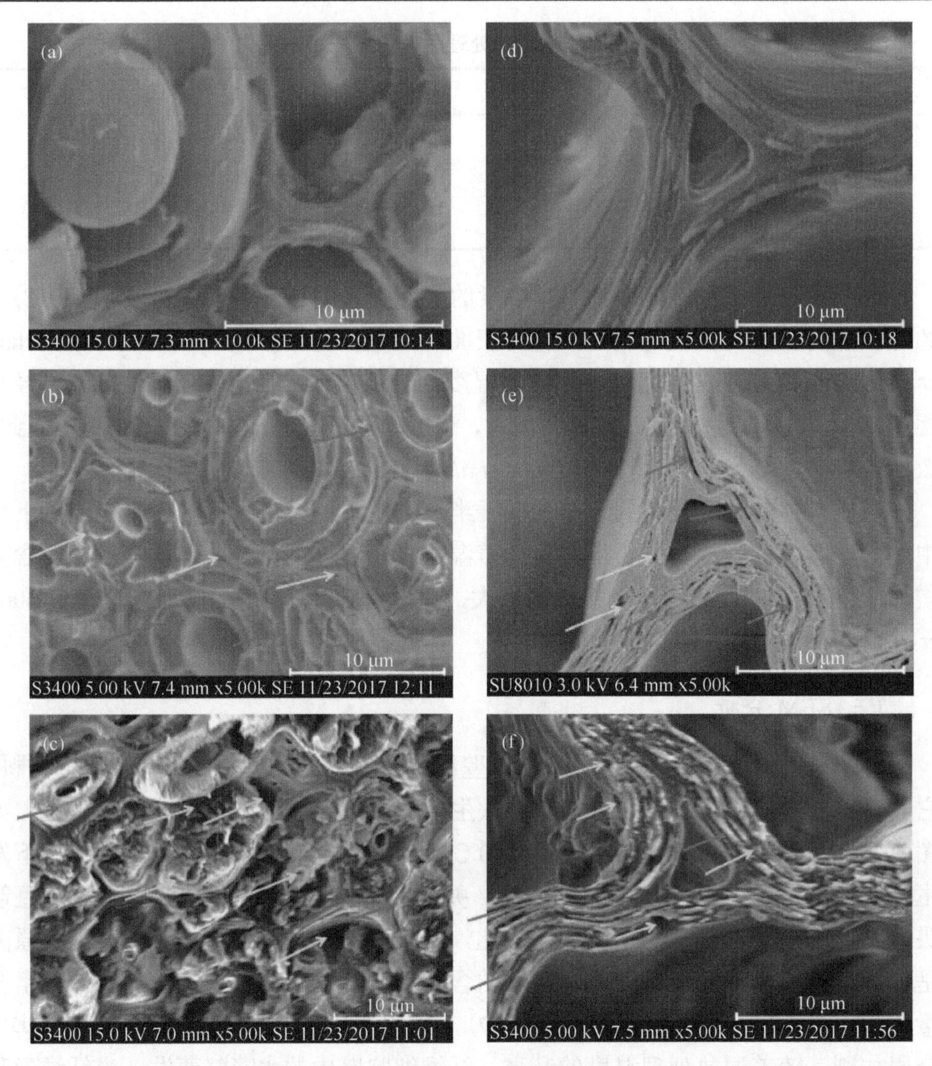

图 6-11 不同处理条件下竹纤维和薄壁细胞的形态(深灰色箭头表示分层，白色箭头表示孔隙)
(a)未经处理的纤维细胞的横截面；(b)经 200℃处理的纤维细胞的横截面；(c)经 220℃处理的纤维细胞的横截面；(d)未经处理的薄壁细胞的横截面；(e)经 200℃处理的薄壁细胞的横截面；(f)经 220℃处理的薄壁细胞的横截面

(四)纳米级形貌变化

未处理和 220℃湿热处理的慈竹原子力显微镜(AFM)照片如图 6-12～图 6-15 所示。随着处理温度的升高，竹纤维细胞壁的孔隙度增加，具体表现为粗糙度的增加。220℃时慈竹纤维细胞壁的粗糙度为 3.72 nm，是对照样粗糙度(0.885 nm)的 4 倍以上；薄壁细胞细胞壁的粗糙度为 9.38 nm，是对照样(5.30 nm)的近 2 倍。该结论进一步证实，湿热处理后，随着温度的升高，竹材中的半纤维素和小分子物质降解，造成微纤丝排列疏松，孔隙度增加。

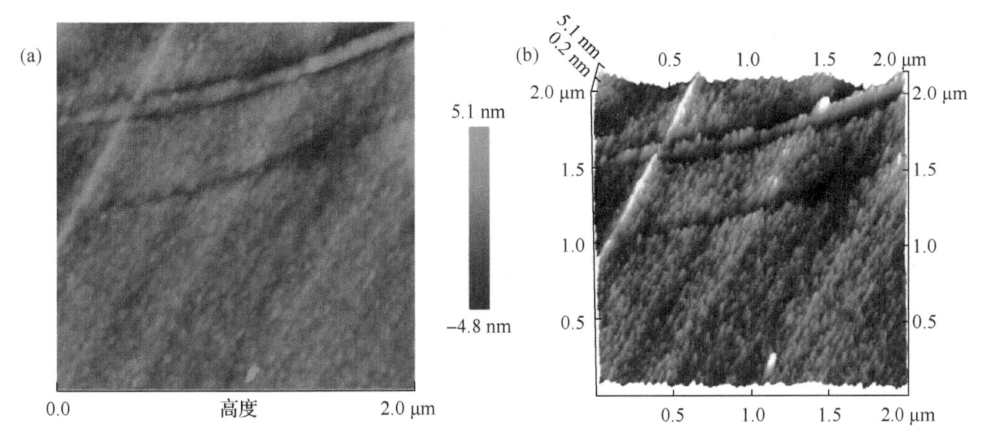

图 6-12　慈竹常温下纤维细胞的 AFM 图片

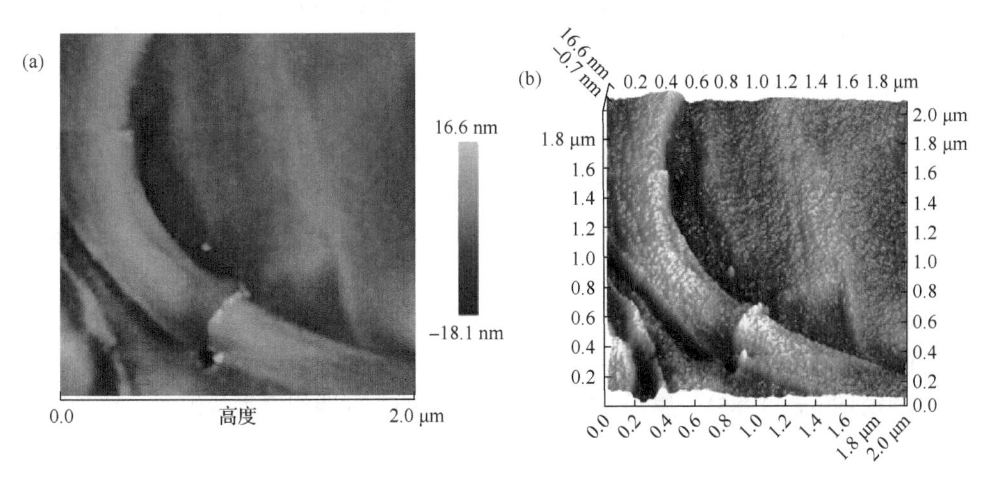

图 6-13　慈竹 220℃湿热处理下纤维细胞的 AFM 图片

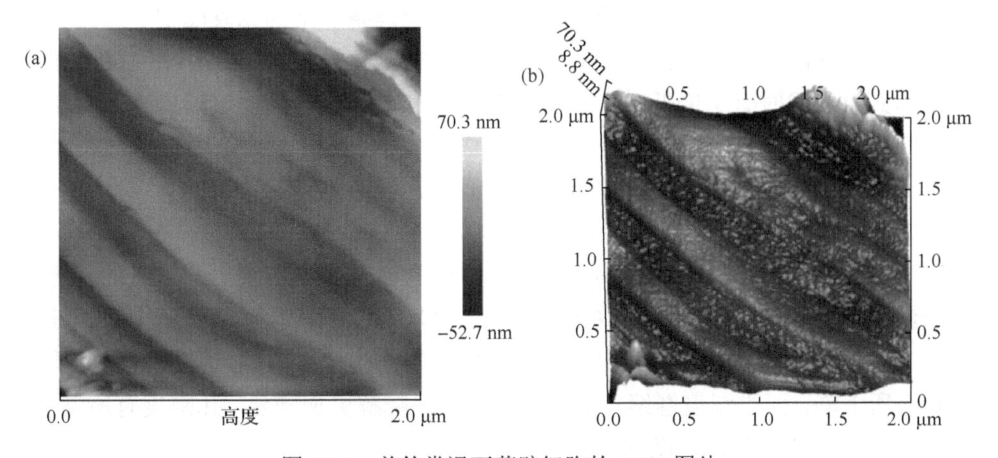

图 6-14　慈竹常温下薄壁细胞的 AFM 图片

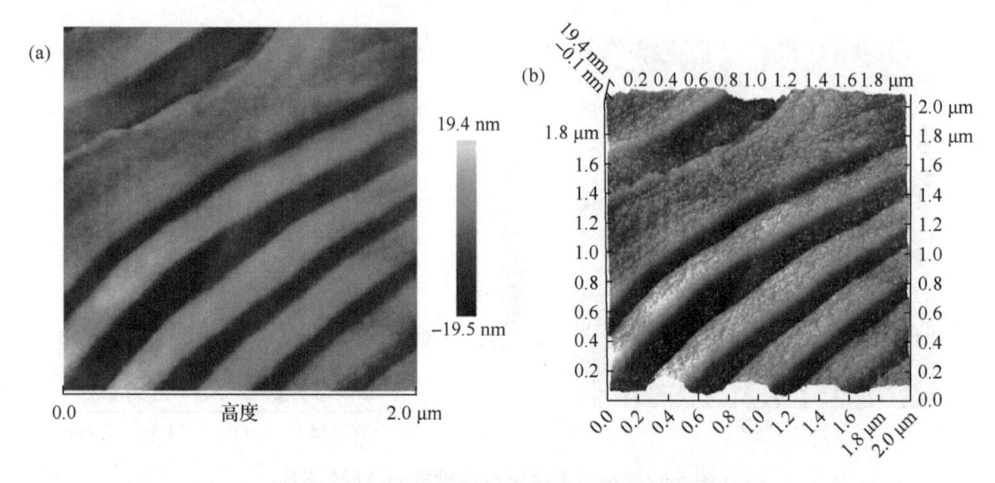

图 6-15　慈竹 220℃湿热处理下薄壁细胞的 AFM 图片

（五）孔径分析

为了进一步探索湿热处理对竹材孔隙度的影响，作者做了 BET 测试。竹材含有许多不同直径的孔隙。IUPAC 将孔隙分为三类：微孔（孔径＜2 nm）、介孔（孔径为 2～50 nm）和大孔（孔径＞50 nm）（赵广杰，2002）。按照 IUPAC 分类和氮气吸附-脱附等温线可以对竹材内的孔隙进行分类。

图 6-16 为毛竹在温度为 77 K 条件下测得的吸附-脱附等温线。由图 6-16 可得，毛竹的氮吸附-脱附等温线基本特征为先上升，再趋于平缓，最后急剧上升，根据 BET 理论（Sing，1985），属于 BET 等温线类型的二、四混合型等温线，这说明毛竹中存在大量的介孔（2～50 nm）以及一定量的大孔（＞50 nm）。而相对压力为 3.5～4 时，等温线不重合，即发生了毛细管凝聚的现象。

表 6-4 是毛竹湿热处理在不同温度、湿度处理条件下的比表面积、总孔体积以及平均孔径的数据。由表 6-4 可知，毛竹湿热处理后的比表面积，在 160℃时增加，而到 180℃时有所降低，之后随着温度的升高，比表面积逐渐加大。常温下毛竹的比表面积为 2.2 m^2/g，当温度达到 220℃时，比表面积达到最大值，为 3.1 m^2/g，比常温下的比表面积增加了约 47%，由此表明，湿热处理对竹材的孔隙度有一定的影响。而总孔体积与平均孔径在 160℃时，达到最大值。这是由于在 160℃湿热处理时，竹材内的挥发性抽提物溶出，半纤维素以及木质素发生一定量的降解，微纤丝无定形区面积减小，导致比表面积、平均孔径以及孔数量有所上升。随后到达 180℃时，木质素发生一定的流动，填充于细胞壁中的纳米孔隙，因此比表面积有所下降，而当温度继续升高时，无定型区降解更加剧烈，孔隙度有所增大，而平均孔径以及总孔体积保持不变（Xu *et al.*，2016）。

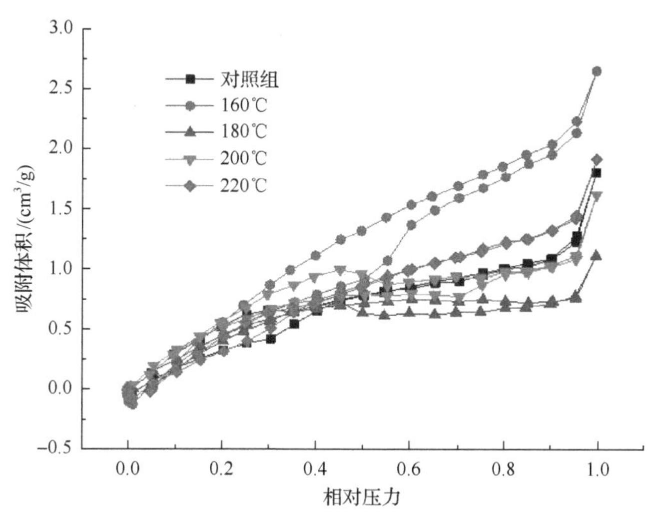

图 6-16　毛竹的氮吸附等温线

表 6-4　湿热处理的毛竹细胞壁比表面积、总孔体积以及平均孔径

毛竹细胞壁	对照组	160℃	180℃	200℃	220℃
样品重量/g	0.0903	0.0678	0.1093	0.1257	0.0749
比表面积/(m^2/g)	2.32	2.93	2.54	2.63	3.41
总孔体积/(cm^3/g)	2.80×10^{-3}	4.10×10^{-3}	1.73×10^{-3}	2.51×10^{-3}	2.97×10^{-3}
平均孔径/nm	4.83	5.61	2.72	3.82	3.49

图 6-17 是对毛竹脱附等温线求对数所得的 BJH 介孔孔径分布曲线图。由于竹材是一种天然有机材料，所获得的孔径分布曲线较为繁杂，但也不难得出规律：毛竹孔隙分布比较集中，在 1～15 nm 的孔隙分布含量较大，而在 15～50 nm 的孔隙分布含量则较少，说明毛竹具有相当丰富的微孔以及介孔结构。其中，直径 2～2.5 nm 的介孔含量最高。

不同湿热处理的温度条件对毛竹的孔隙度有着不同的影响，由图 6-17 可以看到，160℃湿热处理的毛竹的介孔含量相对较大，在 2.2 nm 左右存在一个最高的峰值，根据文献记载(赵广杰，2002)，该孔属于竹材细胞壁中的孔隙以及微纤丝的间隙。随着温度的继续升高，介孔的含量有所下降。在 180℃时，介孔的含量有所下降，而后当温度继续升高时，介孔的含量又有所增加。这是由于在湿热处理的过程中，半纤维素在高温的状态下发生降解，当温度达到 160℃时，半纤维素发生一定的膨胀，加之其发生降解，使得细胞壁间的孔隙加大。随着湿热处理温度的继续升高，半纤维素降解的更加剧烈，而填充在纤维素与半纤维素之间的木质素发生流动，一定程度地堵塞孔隙，因此，直径在 1～10 nm 的介孔以及微孔的含量有所下降，但是幅度较小。

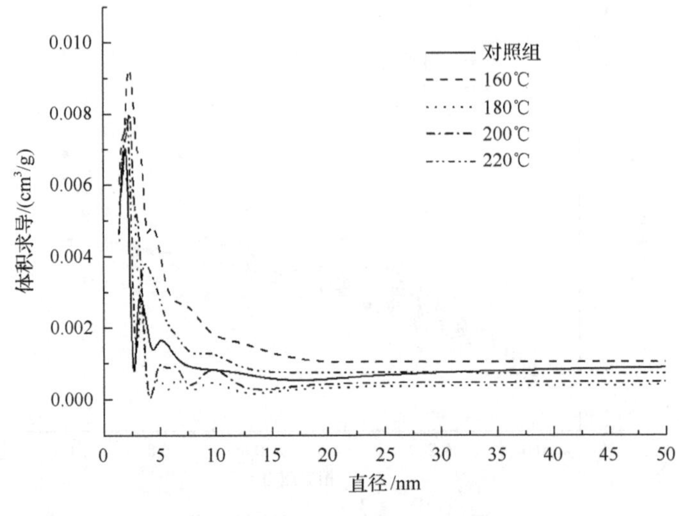

图 6-17　毛竹的孔径分布曲线

三、竹材湿热处理的化学分析

(一)化学成分含量分析

如表 6-5 所示，在温度超过 180℃时，半纤维素的降解速率增加。与纤维素和木质素相比，半纤维素以其较低的聚合度(一般仅为 150～200)、分支结构和无定形性，比纤维素和木质素组分拥有更低的热解温度、更低的耐热性和更高的吸湿性(Yang *et al.*，2007)。此外，半纤维素在热处理后，乙酰基会形成乙酸来催化加剧半纤维素的水解(Thomsen *et al.*，2008)。具有吸水性的半纤维素降解后，材料的尺寸稳定性和抗腐蚀性会提高(Sasaki *et al.*，2003)。

表 6-5　样品湿热处理的化学成分含量变化　(单位：%)

成分	对照	160℃	180℃	200℃	220℃
综纤维素	72.24	69.46	68.83	66.77	60.66
α-纤维素	44.08	44.02	43.84	43.52	41.33
半纤维素	28.16	25.44	24.99	23.25	19.33
酸不溶性木质素	18.32	22.61	24.68	26.37	28.80
戊聚糖	18.58	18.00	17.07	15.90	15.55
冷水抽提物	9.18	7.72	4.12	3.04	3.01
热水抽提物	10.55	11.11	11.00	11.69	9.48
1%氢氧化钠抽提物	42.79	40.16	40.22	40.84	39.86
苯醇抽提物	6.75	7.47	7.96	8.54	10.22

戊聚糖又称阿拉伯木聚糖，主要包括木糖和阿拉伯糖，另有少量糖醛酸、己糖和酚酸等，是竹材半纤维素的重要成分。如表 6-5 所示，竹子中戊聚糖的含量随湿热处理温度的升高而持续下降，表明戊聚糖发生了降解。

木质素因其复杂的三维结构而难以降解(Karagöz *et al.*，2005)。从表 6-5 中可以看出，酸不溶性木质素含量随温度的升高而增加。这是由于纤维素和半纤维素的热解，造成木质素相对含量增加所引起的(Nishida *et al.*，2017)。Windeisen 等(2007)报道说，木质素加热会引起其羰基的裂解和脂肪侧链的分解，从而形成木酚素。木酚素，作为一种具有抗氧化和抗菌性能的双酚类化合物，可以提高生物性材料的稳定性(Lou *et al.*，2010)。因此，湿热处理可以提高竹材的尺寸稳定性。

与对照组相比，在 220℃温度下，竹材中的 α-纤维素含量下降了 2.19%，表明竹材 α-纤维素含量随温度的升高而略有下降。该结果与 Nishida 等(2017)关于竹子的蒸汽处理的结果相一致。另一项研究也表明热处理对纤维素的降解率有一定的影响(Shao *et al.*，2009)。

除此以外，冷水抽提物的含量随着温度的升高而降低。虽然热水抽提物和冷水抽提物的成分相似，但热水抽提物比冷水抽提物含有更多的碳水化合物(Diouf *et al.*，2009)。热水抽提后，热水抽提物含量先增加后下降，1% NaOH 抽提物含量则相反；温度从 160℃升高到 200℃时有机溶剂抽提物含量缓慢增加，然后在 220℃时迅速增加。这些木质素和抽提物含量的变化造成竹子颜色的变化(图 6-9)。

(二)红外光谱分析

如图 6-18、图 6-19 所示，半纤维素的降解程度随着温度的升高而增加，具体表

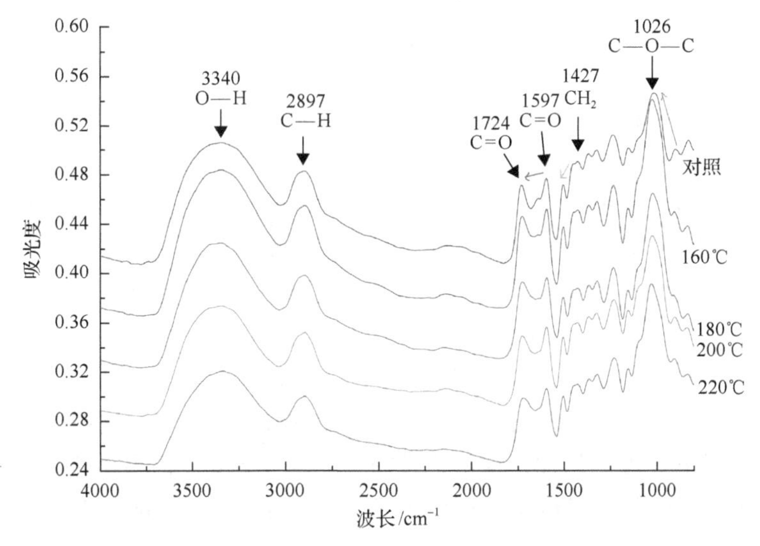

图 6-18　样品湿热处理前后 800～4000 cm^{-1} 波长范围内的红外光谱图(彩图请扫封底二维码)

绿色箭头表示半纤维素；黄色箭头表示木质素；橙色箭头表示纤维素

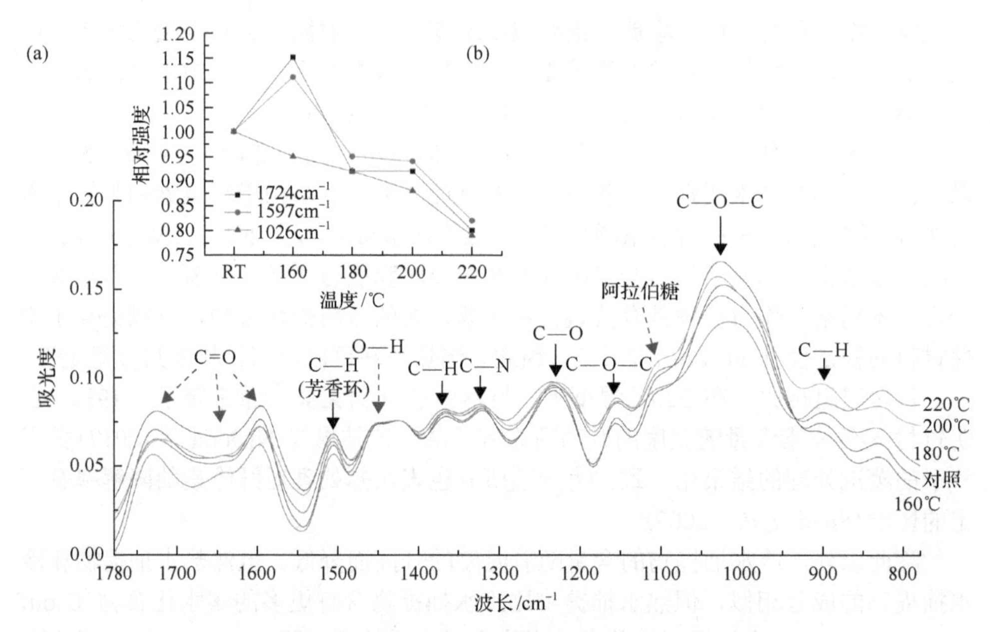

图 6-19　不同湿热处理条件下毛竹的显微红外光谱

(a) 800～1780 cm^{-1} 波长范围内的毛竹的显微红外光谱；
(b) 毛竹 1724 cm^{-1}、1597 cm^{-1} 和 1026 cm^{-1} 吸收峰的相对强度与湿热处理温度的关系

现在 1121 cm^{-1} 处，侧链阿拉伯糖基吸收带的强度随温度的升高而减小；在 1724 cm^{-1} 处，木聚糖的非共轭 C=O 拉伸振动，其强度持续下降并在 220℃时下降了 20%，表明乙酰基的降解、乙酸和甲酸的形成。湿热处理使乙酰基降解生成乙酸，乙酸又进一步催化半纤维素的水解，加快了半纤维素的降解速度。

木质素 1026 cm^{-1}(不对称芳香醚弯曲振动)吸收带的强度在 220℃时下降了 21%，表明醚键的断裂。1597 cm^{-1} 处吸收带(木质素侧链上 C=O 的拉伸振动)的强度在 220℃处理后下降了 18%，结合 1504 cm^{-1}(芳香骨架振动)吸收带强度的变化，说明了 C=O 的断裂。1639 cm^{-1}(木质素中共轭羰基 C=O 伸缩振动)和 1323 cm^{-1}(C—N 拉伸振动)的振动谱带的强度与温度呈正相关，说明木质素的相对含量随温度的升高而增加。这是由于纤维素和半纤维素的降解导致木质素的相对含量增加的缘故。湿热处理后，木质素的结构发生了变化，羰基断裂，脂肪侧链分解，形成木酚素，聚糖含量降低，提高了竹子的耐久性。

纤维素在 1365 cm^{-1}(C—H 弯曲振动)和 2897 cm^{-1}(C—H 拉伸振动)处具有特征吸收带。随着温度的增加，这两条带的强度略有下降，但不显著。这是由于纤维素的热稳定性大于半纤维素，降解程度较小。另外，897 cm^{-1} 和 1153 cm^{-1} 处的

谱带为β-(1-4)-糖苷键中C—H和C—O—C非对称伸缩振动特征峰，湿热处理后，其强度增加，表明纤维素暴露在竹子表面并形成凝聚物。

3100～3500 cm^{-1}为O—H伸缩振动，其强度为对照＞160℃＞180℃＞200℃＞220℃。表明随着温度的升高，半纤维素中的大部分O—H键被破坏，形成更稳定的氢键，尺寸稳定性增强。

（三）核磁共振分析

使用二维核磁技术进一步探索和印证了不同湿热处理条件下竹材细胞壁关键化学成分及特征官能团的变化，并进行了半定量的系统分析。

木质素的二维核磁图谱如图6-20所示。C_γ为苯基香豆满中的γ位C—H，经处理后消失，说明湿热处理会使γ位—OR断裂。I'_γ为天然乙酰化的对羟基肉桂醇单元中的C_γ—H_γ，经处理后消失，说明湿热处理会使γ位—OR断裂。C_α为苯基香豆素中的C_α—H_α，经处理后消失，说明湿热处理后α-*O*-4醚键断裂。

湿热处理后$S_{2,6}$减少，$S'_{2,6}$增加，部分紫丁香基中的羟基氧化。经处理后G_2、G_6信号减少，是因为愈创木基3号位易脱甲基，5号位易缩合形成C—C键，导致2号位和6号位在核磁中不可见。

如图6-21所示，α-D-Xylp(R)与β-D-Xylp(R)(木糖)处理后消失，说明半纤维素中的木糖完全分解。PhGlc(苯基糖苷键)处理后减少，表明苯基糖苷键部分断裂。经过处理后(1-4)-β-D-Glcp(β-1,4-葡聚糖)略有增加，是因为湿热处理使得部分大分子纤维素变成小分子纤维素，与低聚葡萄糖信号重叠。

二维HSQC核磁可以实现相对定量(半定量)，其结果如表6-6所示。作为竹材木质素的一个重要特征，紫丁香基木质素与愈创木基木质素的比例S/G，S/G能反映出原料的脱木质素能力，比值高的原料在碱性条件下更容易实现脱木质素。如表6-6所示，湿热处理后的S/G相比处理前由1.96变为3.63，说明湿热处理后竹材中的木质素发生了降解，相比湿热处理前，愈创木基木质素含量降低。湿热处理后，β-*O*-4键含量大幅降低，降低幅度高达54.32%，原因是高温下湿热的水蒸气会电离出呈弱酸性的氢离子，使得β-*O*-4键断裂。湿热处理后β-5键消失，β-5键是存在于愈创木基木质素单元中的键，与前面所说S/G比例升高结果一致。湿热处理后PCE(对香豆酸酯)含量也有较为明显地减少，降低幅度为23.91%，这是因为对香豆酸的酯键断裂后溶解于高温下的湿热的水蒸气中，但它在酸性环境中反应程度不大，故减少程度不像β-*O*-4键那么大。该研究与前面的红外和拉曼光谱数据相互印证，进一步说明了湿热处理对竹材细胞壁的影响机制。

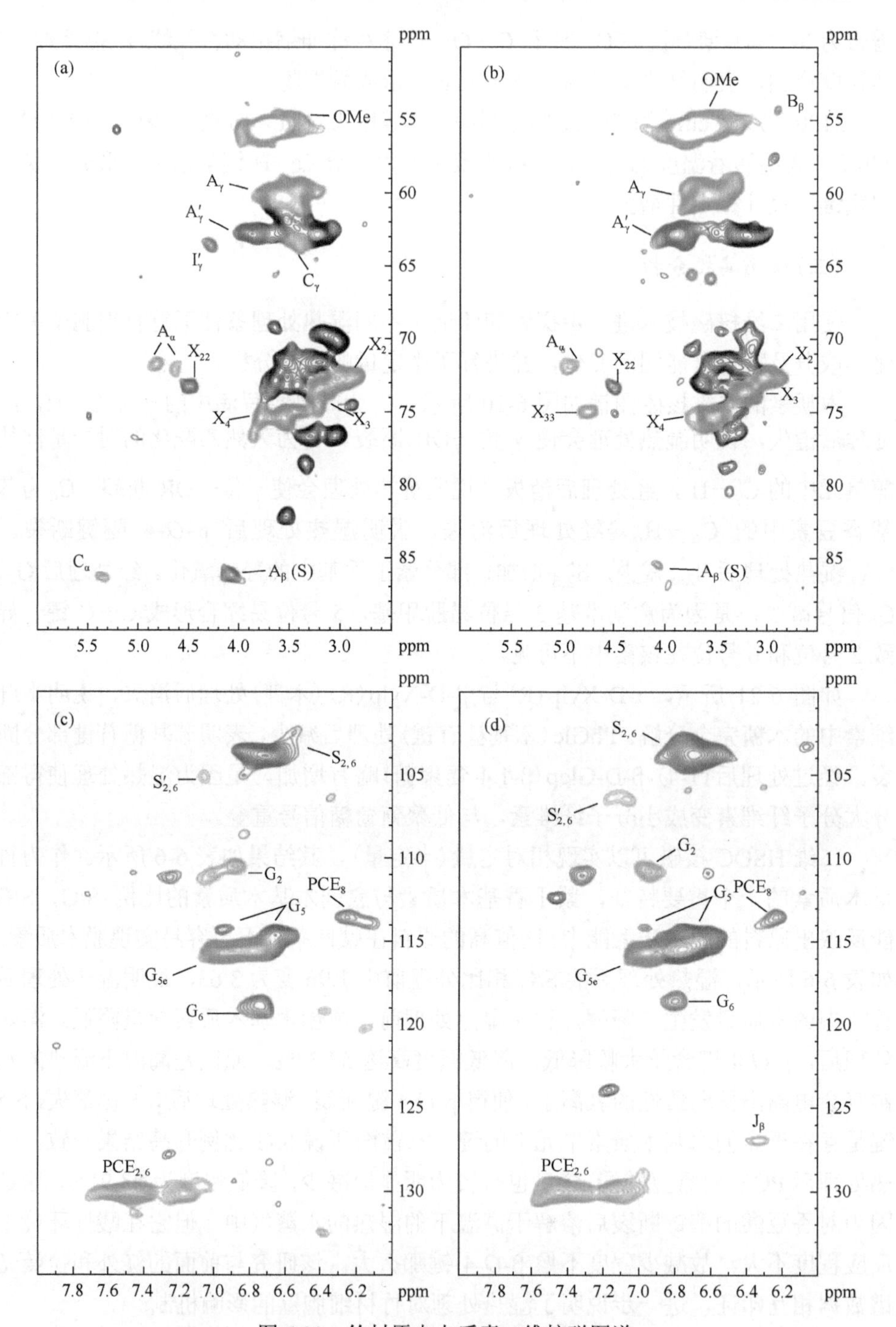

图 6-20　竹材原本木质素二维核磁图谱

(a)湿热处理前，δC/δH 50～90/2.5～6.0；(b)湿热处理后，δC/δH 50～90/2.5～6.0；(c)湿热处理前，δC/δH 100～135/6.0～8.0；(d)湿热处理后，δC/δH 100～135/6.0～8.0

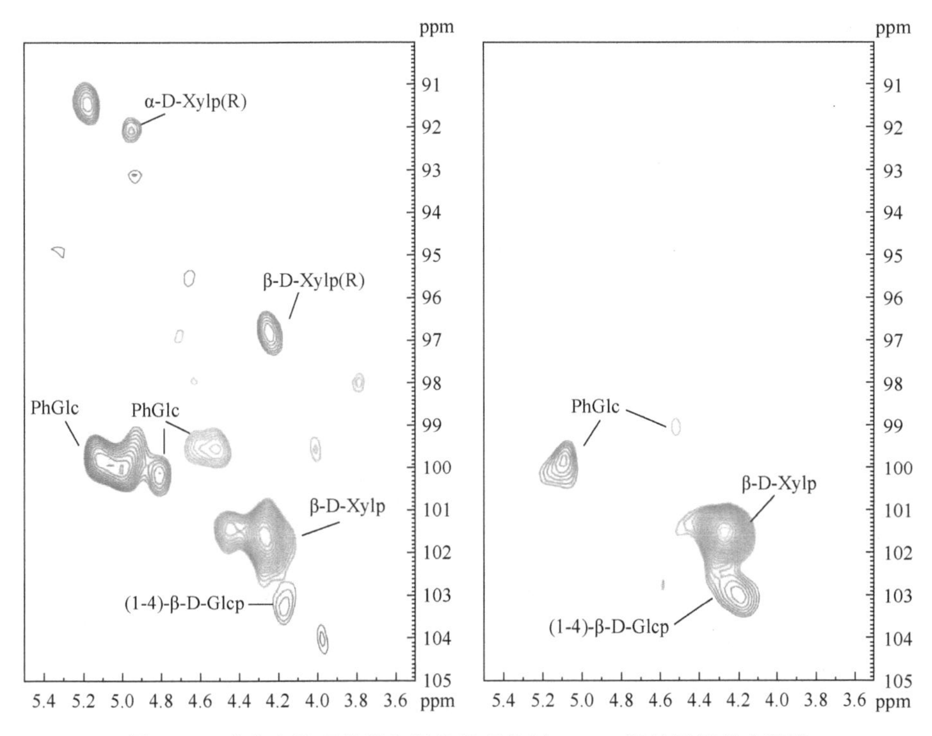

图 6-21　球磨未处理竹材和湿热处理竹材 HSQC 谱的局部放大图谱

表 6-6　样品湿热处理的竹材木质素 2D-HSQC 的半定量表

样品	S/G	β-*O*-4 键含量/100Ar	β-5 键含量/100Ar	PCE 含量/100Ar
处理前	45/23	55.6	13.9	64
处理后	58/16	25.4	0	48.7

四、竹材湿热处理的纳米力学特性

由表 6-7 可知，随着湿热处理温度的升高，毛竹纤维细胞壁的纳米压痕弹性模量平均值呈现先增加后降低的趋势，在处理温度为 180℃时达到最大值，这与竹材细胞壁的孔隙度和结晶度有关。前文的研究结果也表明，随着湿热处理温度的升高，竹材的结晶度呈现先增加后降低的趋势，结晶度的最大值出现在 180℃；随结晶度的升高，竹材细胞壁内部的结晶区晶层间距减小，细胞壁的结构变得更加致密，因此，180℃以下时，竹材的弹性模量随湿热处理温度的增加而增加。同时，无定形区的半纤维素发生了一定程度的降解，无定形区面积减小，纤维素的相对含量增加，结晶度也随之增加(汤颖等，2014；Tjeerdsma and Militz，2005；龙超等，2008)。也有分析指出，在 160℃的热处理中，竹材细胞壁纤维束中的半纤维素发生了热化学反应，其内部的木聚糖与甘露聚糖在高温环境下发生了结晶化，从而使得竹材细胞的结晶度增加。而当温度继续上升，到达 200℃甚至 220℃时，竹材细胞壁的部分纤维素大分子链发生降解，结晶度随之降低，高度致密化的结构被打破，竹材的弹性模量也随之降低了。前面有关 BET、AFM 以及化学成分分析等方面的研究结果也证实了该结论。

表 6-7 毛竹在不同湿热处理条件下的纳米压痕弹性模量

毛竹弹性模量	对照组	180℃处理	220℃处理
平均值/GPa	17.83	21.42	20.49
最大值/GPa	21.33	24.19	23.31
最小值/GPa	15.91	16.38	17.15
标准差	1.77	2.01	1.86
变异系数/%	9.94	9.37	9.10

表 6-8 为毛竹的纳米压痕硬度数据，随着湿热处理温度的升高，竹纤维的硬度平均值也随之升高。常温下，毛竹的硬度约为 489 MPa，随着湿热处理温度的升高，硬度呈先上升后下降的趋势，当湿热处理温度达到 180℃时，硬度平均值达到最大值，比对照组增加了约 21%。而后随着温度的逐渐升高，竹材的硬度趋于平缓，略微下降。一般来说，竹材细胞壁的硬度受化学组分、结晶度等的影响(Yu and Rowe，2012；Navi and Stanzltschegg，2009)。此外，适度的高温会促使木质素发生缩聚以及交联反应，形成由戊糖受热降解的糠醛，提高了竹材细胞壁的硬度(Gindl and Gupta，2002)。但是，当温度超过 180℃时，半纤维素和木质素的降解会加剧，竹材致密的结构会变得多孔和分层，从而使硬度下降。

表 6-8 毛竹在不同湿热处理条件下的纳米压痕硬度

毛竹硬度	对照组	180℃处理	220℃处理
平均值/GPa	489.09	591.03	579.91
最大值/GPa	519.14	652.17	670.95
最小值/GPa	432.92	469.14	506.92
标准差	27.62	47.24	50.83
变异系数/%	5.65	7.99	8.77

表 6-9 为不同湿热处理前后慈竹样品的纳米压痕蠕变率。由表 6-9 可得，常温下慈竹的细胞壁蠕变率为 30.47%，经过 220℃的湿热处理后，纳米压痕的蠕变率有所降低，降低到 26.91%。因此可得，经过高温处理后，慈竹的蠕变抗力有所增加，高温的湿热处理能够一定量地提高慈竹的力学性能。半纤维素的含量是蠕变率变化的主要原因，在三大素中，半纤维素类似于基质，随着湿热处理温度的升高，一定量的半纤维素被高温降解，随着半纤维素的含量减少，细胞壁之间聚

合物间的柔性被一定量的削弱，半纤维素随着温度的升高而被软化，从而获得了一种较高的活化能。而半纤维素填充在纤维素间，带有高活化能的半纤维素使得纤维素的移动以及微纤丝的相对滑动较为容易。

表 6-9　慈竹在不同湿热处理条件下的纳米压痕蠕变率　（单位：%）

慈竹蠕变率	对照组	220℃
平均值	30.47	26.91
最大值	38.52	31.58
最小值	25.49	22.46
标准差	5.30	3.90
变异系数	17.39	14.48

此外，随着湿热处理温度的升高，慈竹细胞壁的木质素也伴随着发生交联以及缩合反应，这使得竹材的抗蠕变性能有所增加。较高的结晶度也是蠕变率降低的原因。当湿热处理的温度超过 160℃后，纤维素中的甘露糖以及木聚糖出现结晶化，导致结晶度有所增加，晶层的距离减小，结构更为致密，蠕变率降低（Burgert *et al.*，2003；Le Duigou *et al.*，2015；Li *et al.*，2015；Cui *et al.*，2016）。

第七章　竹木材细胞壁力学特性对比

早期对细胞及细胞壁力学的研究主要以木材为主。由于木材是主要的造纸原料，早期的研究者为了得到高性能的纸张，对纸浆纤维的力学性能进行了较为详细的研究，以加拿大制浆造纸研究院的Page等(1972，1977)为代表。随后，木材科学领域的研究者为了高效地选择利用木材、探寻树木以及细胞壁的形成机制，对纤维细胞的力学性质进行了系统的研究，以美国林务局南方实验站的Groom(2002a，2002b)，瑞士材料科学研究所的Navi和Stanzltschegg(2009)、Navi等(1995，2006)和德国马普胶体与界面研究所的Burgert(2005a，2005b，2009)为代表。对细胞次生壁力学性质的研究也同样始于木材，1997年Wimmer使用纳米压痕技术首次得到了针叶材管胞的弹性模量和硬度，之后Gindl和王思群的课题组(Gindl and Gupta，2002；Gindl and Schöberl，2004；Wang *et al.*，2006，2016a，2016b；Wu *et al.*，2009)继续深入研究木材细胞次生壁的力学性质。

我国对木材纤维细胞及细胞壁力学的研究开始于20世纪末，以江泽慧、费本华、余雁等为代表。这一时期正是我国木材资源严重缺乏和“天保工程”实施时期，而竹材生长周期短，与木材材性用途相近，竹材纤维与木材纤维相似，细胞壁都是由初生壁和次生壁组成，化学成分都是由骨架物质纤维素、基质物质半纤维素、结壳物质木质素三大成分构成，形态也都是中空而细长的锐端细胞。因此，竹材的研究、开发和利用引起了广泛关注，我国研究者也在对木材纤维的研究基础上，对竹材纤维进行了初步研究，并取得了一定的成果。

马尾松(*Pinus massoniana*)是我国南方重要的用材林树种，造林和蓄积面积分别占南方用材林的40%～62.5%和30%～50%，是造纸和人造纤维的主要原料。然而，有关马尾松纤维细胞力学性质及次生壁力学性质的文献也十分有限(费本华等，2006)。因此，对马尾松纤维细胞及细胞次生壁的力学性质进行测定，并将毛竹和马尾松纤维细胞及细胞次生壁的力学特性进行对比，分析影响纤维细胞及细胞壁力学的主要因素，以便找到两者力学性质相差较大的原因，从而揭示毛竹力学性质好且稳定的内在机制。

第一节　竹木材单根纤维力学特性对比

一、试件采集制备与测试方法

毛竹采自浙江省富阳市庙山坞林场黄公望森林公园，试验材料与方法和部分研究结果均请参考第三章和第五章，在此不再介绍，仅说明马尾松的有关情况。

马尾松伐自安徽省黄山区的黄山公益林场。该林场地处中亚热带北缘的东经118°14′～118°21′、北纬32°4′～32°10′，年均温15.3℃，最高温(7月)27.8℃，最低温(1月)3℃，年均降水量1600 mm，年蒸发量1120 mm，相对湿度大于80%，无霜期为220天，年日照时数1752.7 h。

试验中的马尾松采自该林场海拔300～450 m处的人工杉松混交林，林龄在40年左右。西北坡向，25°下坡位，郁闭度0.7，千枚岩基岩，100 cm厚黄壤，以山胡椒、蕨类植被为主。

马尾松正常木伐倒后，选择1.2 m处锯取5 cm厚的圆盘，过髓心沿圆盘南北向将其加工成4 cm×1.5 cm(L×R)的中心条(图7-1)，标定年轮后，在北向幼龄材第2年轮和成熟材第24年轮分别劈取1 mm(R)左右厚的薄片，先用X射线衍射仪分别测定薄片的微纤丝角，然后按第三章中的方法进行纤维离析。

图7-1　马尾松中心条

马尾松单纤维的拉伸测试基本上与第三章中对毛竹单纤维的拉伸测试类似，不同的是，激光共聚焦显微镜测定细胞壁横截面面积时的染色时间和滴胶时树脂微滴的固化时间。由于马尾松纤维的细胞壁厚度较毛竹小，直径较毛竹大，更容易染色，因此染色时间以4 min为佳。由于马尾松纤维直径较毛竹大，操作者在滴胶时很容易将胶滴的直径滴大，故马尾松胶滴的固化时间比毛竹略长。

马尾松纤维细胞次生壁力学性质的测量与第五章中对毛竹的测量相似，仅在测试位置选择和测试条件上有些不一样。马尾松试材的测试位置为第2和第24年轮的早材和晚材部位，压痕测试时加卸载速度为30 μN/s，加载、保载、卸载各5 s，最大压痕深度120 nm，最大荷载150 μN。实验室测试时的温度、湿度与毛竹一致，保持在22℃和44%左右。

二、结果和讨论

(一)马尾松单纤维的力学特性

马尾松幼龄材第2年轮共测试28个样，早材12个样，晚材16个样，具体测试结果如表7-1和表7-2所示，其中，早材纤维的截面积平均值为251.11 μm^2，断裂荷载平均值为189.66 mN，抗拉强度平均值为1070.54 MPa，弹性模量平均值为

19.98 GPa，破坏应变平均值为 4.01%；晚材纤维的平均截面积、断裂荷载、抗拉强度和破坏应变均比早材纤维大，其中，平均断裂荷载和抗拉强度相差特别明显，而平均弹性模量基本相当；早晚材纤维各项力学性质的变异系数均在 20%左右。

表 7-1　马尾松第 2 年轮早材纤维测试数据

马尾松第 2 年轮早材样品	跨距/mm	截面积/μm^2	断裂荷载/mN	抗拉强度/MPa	弹性模量/GPa	破坏应变/%
平均值	0.7662	251.11	189.66	1070.54	19.98	4.01
最大值	0.9248	342.02	272.01	1539.24	28.40	5.97
最小值	0.4964	172.81	132.61	750.41	11.81	2.79
标准差	0.1095	42.68	44.04	250.72	4.43	1.08
变异系数/%	14.29	16.99	23.22	23.42	22.19	26.86

表 7-2　马尾松第 2 年轮晚材纤维测试数据

马尾松第 2 年晚材样品	跨距/mm	截面积/μm^2	断裂荷载/mN	抗拉强度/MPa	弹性模量/GPa	破坏应变/%
平均值	0.7404	258.25	213.99	1209.16	19.17	4.53
最大值	0.8772	390.92	329.81	1866.34	27.98	6.89
最小值	0.5712	155.51	145.38	822.69	11.93	3.23
标准差	0.0827	52.79	46.47	262.89	4.35	0.95
变异系数/%	11.17	20.44	21.72	21.74	22.71	21.03

马尾松幼龄材第 2 年轮中晚材纤维的力学性质优于早材，表现在断裂荷载、抗拉强度和破坏应变上比较明显，这是因为晚材纤维具有相对较厚的细胞壁，受到拉伸时不容易发生断裂。然而，由于幼龄材第 2 年轮的晚材纤维细胞壁厚度与早材相差不大，表现在平均截面积上，差异并不明显(表 7-1、表 7-2)，鲍甫成等(1998)的测试数据也证实了两者之间小的差异性，并测明两者的微纤丝角相差不大(早材 15.3°，晚材 14.5°)，因此，幼龄材第 2 年轮早晚材纤维的弹性模量差异不大。

马尾松成熟材第 24 年轮共测 27 个样，其中，早材 16 个样，晚材 11 个样，具体测试结果见表 7-3 和表 7-4。对比表 7-3 和表 7-4 中数据可知，第 24 年轮早晚材纤维的截面积平均值相差达 107.21 μm^2，抗拉强度平均值相差近 100 MPa；

表 7-3　马尾松第 24 年轮早材纤维测试数据

马尾松第 24 年轮早材样品	跨距/mm	截面积/μm^2	断裂荷载/mN	抗拉强度/MPa	弹性模量/GPa	破坏应变/%
平均值	0.9060	319.94	263.71	850.49	22.94	3.61
最大值	1.0541	399.35	365.20	1554.43	42.58	4.66
最小值	0.7140	159.84	156.94	448.99	15.11	2.23
标准差	0.1032	62.02	69.13	271.40	6.27	0.82
变异系数/%	11.39	19.39	26.22	31.91	27.31	22.77

表 7-4　马尾松第 24 年轮晚材纤维测试数据

马尾松第 24 年晚材样品	跨距/mm	截面积/μm^2	断裂荷载/mN	抗拉强度/MPa	弹性模量/GPa	破坏应变/%
平均值	0.8594	427.15	386.91	934.36	21.22	4.47
最大值	1.0609	515.60	619.88	1293.52	35.46	7.08
最小值	0.6330	275.94	232.46	470.30	16.15	2.56
标准差	0.1178	81.56	109.15	289.20	5.86	1.33
变异系数/%	13.71	19.09	28.21	30.95	27.60	29.79

早材纤维的断裂荷载平均值仅为晚材的 68%，破坏应变平均值为晚材的 81%；早晚材纤维的平均弹性模量基本相当，分别为 22.94 GPa 和 21.22 GPa，各项力学性质的变异系数均在 20%以上。

马尾松第 24 年轮中晚材纤维的力学性质优于早材，表现在断裂荷载、抗拉强度和破坏应变上尤为明显。由于成熟材第 24 年轮的晚材纤维细胞壁厚度比早材大得多(鲍甫成等，1998)，使晚材纤维在拉伸过程中不容易发生断裂，而早材由于壁薄在拉伸过程中极易引起凹陷(buckling)而发生断裂(Eder *et al.*，2009)，另外，化学制样和人为引起的制样缺陷对早材的影响也较大，因此，第 24 年轮晚材纤维的断裂荷载、抗拉强度和破坏应变均比早材高得多。弹性模量的大小主要依赖于微纤丝角的大小(Cave，1968，1969；Page *et al.*，1977；Yu *et al.*，2007)，作者对早晚材纤维的微纤丝角进行了测定，发现两者均在 10°左右，差别在 0.2°以内，因此，两者的弹性模量数值基本相当。

(二)毛竹和马尾松单纤维力学特性对比

根据第三章的结论，各个竹龄毛竹单纤维的平均断裂荷载、抗拉强度及弹性模量等力学性质相差不大，而本章中马尾松单纤维幼龄材和成熟材的力学特性相差明显，因此，笔者将各个竹龄单纤维的力学性质平均值与马尾松第 2 和第 24 年轮单纤维的力学性质平均值进行对比，以分析两者的不同。

如表 7-5 所示，毛竹和马尾松单纤维的平均细胞壁截面积相差较大，毛竹单纤维的平均细胞壁截面积约为马尾松的一半；两者的平均断裂荷载相差不大，马尾松的平均断裂荷载稍高；但是，毛竹单纤维的平均抗拉强度和弹性模量均比马尾松高 50%以上；而且，毛竹单纤维的平均破坏应变为 4.85%，比马尾松高 17.15%。

表 7-5　毛竹和马尾松纤维的力学性质对比

样品	跨距/mm	截面积/μm^2	断裂荷载/mN	抗拉强度/MPa	弹性模量/GPa	破坏应变/%	微纤丝角/(°)
马尾松	0.8189	310.24	259.70	1017.86	20.87	4.14	16.00
毛竹	0.7044	147.84	220.88	1543.77	33.86	4.85	10.27

与马尾松相比，毛竹单纤维的平均断裂荷载虽然稍低，但是其他力学性质均较高，表现在平均抗拉强度和弹性模量上尤为突出，说明毛竹单纤维具有良好的高强、高弹、高伸性能。那么，同样是由木质素、纤维素、半纤维素三大成分和初生壁、次生壁两大壁层组成的单纤维细胞，又在同样的条件下进行的力学测试，为什么所得结果相差这么大呢？作者从纤维细胞形状、微纤丝角、纹孔、结晶度以及化学成分等方面分析，以便揭示毛竹纤维力学性质优良的根本原因。

1. 细胞形状的影响

如图 7-2 所示，毛竹单纤维的直径较小，为 14 μm 左右，竹青处纤维的双壁厚在 10 μm 以上，最大可达 13.56 μm(许斌等，2003)，细胞腔极小，几乎可视为实心结构。马尾松单纤维如图 7-3 所示，其直径较大，根据鲍甫成等(1998)的研究结果，马尾松人工林单纤维的早材直径在 50 μm 左右，纤维的双壁厚多数在 8 μm 以下，晚材直径 30 μm 左右，纤维的双壁厚 14 μm 左右。作者在使用激光共聚焦显微镜测试截面积时发现，所用的马尾松单纤维的双壁厚多数为 5～10 μm，细胞腔很大，占整个细胞壁面积的 50%以上。

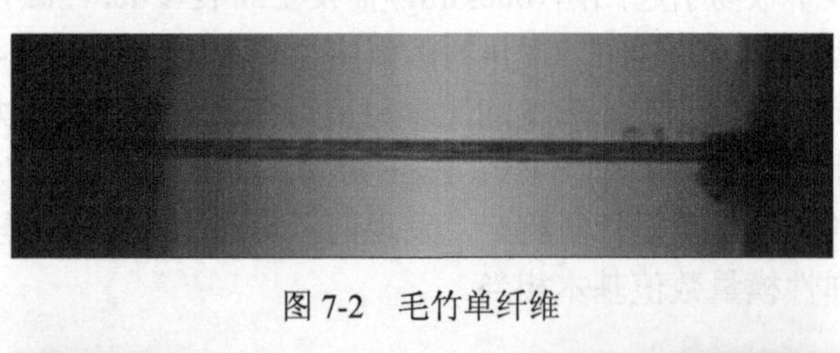

图 7-2　毛竹单纤维

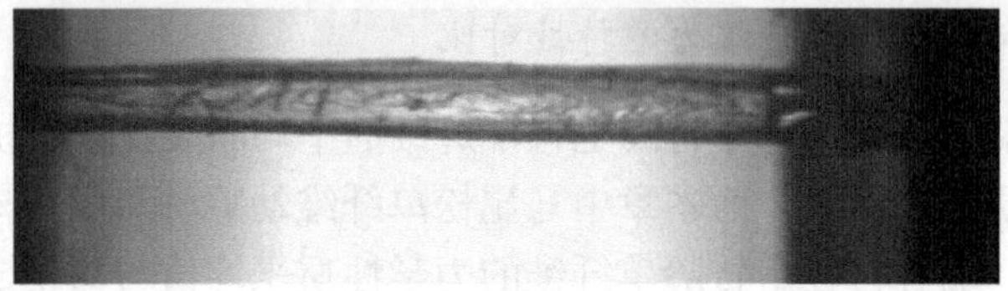

图 7-3　马尾松单纤维

毛竹单纤维几乎为两端尖削的实心圆柱形结构，而马尾松单纤维则为内部空腔直径较大的两端稍尖的薄壁圆筒形结构，在受到拉伸时，圆筒形结构较薄的细胞壁很容易发生凹陷(buckling)(Eder *et al.*，2009)，从而使其力学性质降低，这也是早晚材管胞抗拉强度之间差异的原因之一。若实体物质细胞壁的截面积相等，壁薄腔大的结构比近实心结构更容易发生断裂和破坏，因为细胞壁越薄，承载拉力的实质物质越少。因此，毛竹单纤维细胞壁的横截面面积虽然只是马尾松的一半，但是其断裂荷载却与马尾松相差不大，而且衡量细胞壁特性的抗拉强度的数值远大于马尾松。毛竹单纤维的破坏应变也就是断裂伸长率明显大于马尾松，这与其较厚的细胞壁结构关系密切，同样也与上文解释的毛竹的断裂荷载有关。

2. 微纤丝角的影响

微纤丝角对纤维细胞弹性模量的影响已被众多研究者所证实(Cave，1968，1969；Page *et al.*，1977；Yu *et al.*，2007)。对比表 7-6 中数据，发现马尾松单纤维的平均微纤丝角比毛竹大 6°左右，而毛竹单纤维的平均弹性模量比马尾松高近 13 GPa，因此，微纤丝角的变化对单纤维的弹性模量有重要影响。

表 7-6　微纤丝角与单纤维力学性质的相互关系

	抗拉强度/MPa	弹性模量/GPa	破坏应变/%	微纤丝角/(°)
马尾松	1017.86	20.87	4.14	16.00
毛竹	1543.77	33.86	4.85	10.27

复合材料力学将纤维视为以纤维素微纤丝为增强体、木质素半纤维素为基质的纤维增强基复合材料，材料偏轴拉伸方向与主轴的夹角(也就是微纤丝角)越大，抗拉强度越低。余雁(2003)也在对杉木早材管胞的纵向拉伸实验中发现，管胞的抗拉强度与微纤丝角之间存在显著的负相关关系。对于本试验，表 7-6 中的数据再次印证了抗拉强度与微纤丝角的负相关性。

为了更充分地说明微纤丝角对单纤维抗拉强度和弹性模量的影响，引入平均微纤丝角较大的马尾松应压木单纤维的有关数据(应压木也来自同一样品采集地，树龄 40 年左右，测试方法和步骤与正常的马尾松相同)，并将其绘制成图 7-4。图 7-4 表明，单纤维的抗拉强度和弹性模量均随微纤丝角的增大呈近直线形减小的趋势，两者的降低几乎同步，但是弹性模量的降低更为明显，几乎为一直线。图 7-4 证明了单纤维抗拉强度和弹性模量与微纤丝角的高度负相关性。

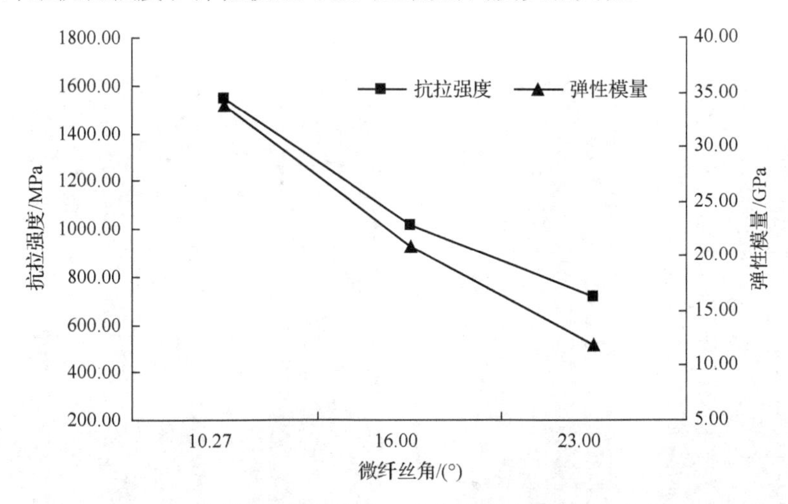

图 7-4　单纤维的抗拉强度、弹性模量随微纤丝角的变化

微纤丝角与管胞的断裂应变也关系密切，Page 和 El-Hosseiny(1983)指出两者

之间存在正相关关系，微纤丝角越大，管胞的断裂应变也越大，木材的韧性越好。余雁(2003)在对杉木微切片的正常间距拉伸测试中，证实了微纤丝角与管胞断裂应变之间正相关关系的存在。由表 7-1～表 7-4 得知，马尾松第 2 年轮的微纤丝角较大，断裂应变也较大；第 24 年轮的微纤丝角较小，断裂应变也较小；应压木的数据也遵循这一规律。

然而，毛竹纤维细胞的结构与马尾松不同，其次生壁为窄厚层交替重复的多壁层结构，窄层和厚层的微纤丝角逐步由大向小过渡并连续重复，这种结构使毛竹纤维在拉伸时不容易断裂。因此，平均微纤丝角仅为 10.27°的毛竹单纤维，比具有 16°平均微纤丝角的马尾松纤维的断裂应变略高。

3. 纹孔的影响

毛竹和马尾松纤维都是生物性材料，细胞壁上均存在有输送水分和养料的纹孔。纹孔相当于细胞壁上的天然缺陷，纤维细胞受到拉伸时，容易在纹孔位置或附近区域产生应力集中而发生断裂。Mott 等(1995，1996)和 Shaler 等(1996，1997)把自制的微拉伸计置于环境扫描电镜的样品室，结合数字图像相关分析技术得到天然单纤维的断裂特性，指出纹孔是控制断裂位置的最重要因素，在无纹孔的情况下，微压缩(microcompressions)将变为控制断裂位置的关键因素，他们发现，纹孔断裂分贯穿纹孔和在纹孔上下断裂两种类型，后者更为常见，且 S1 层和 S2 层同时断裂，具缘纹孔和并排双纹孔会大大加剧断裂的提前发生，他们提出断裂的原因是由于纹孔附近的微纤丝角变化较大，应力集中严重。Eder 等(2009)也指出，纹孔对单纤维的断裂和力学性质有重要的影响。

如激光共聚焦图 7-5 所示，毛竹纤维细胞壁上的纹孔为单纹孔，形状小，数量也很少，一般为单列。如图 7-6 所示，马尾松纤维细胞壁上的纹孔为具缘纹孔，

图 7-5　毛竹激光共聚焦纹孔图

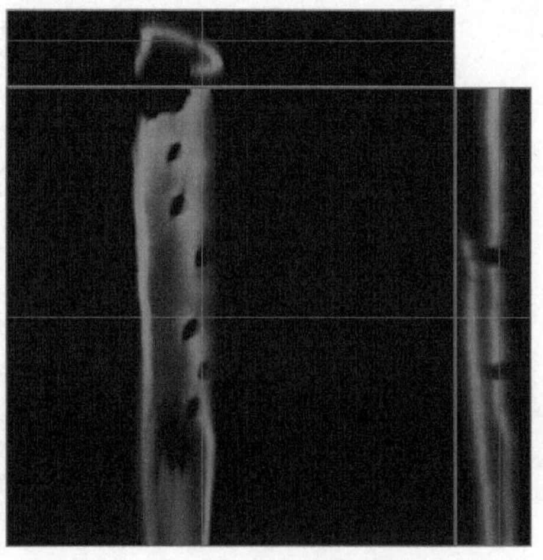

图 7-6　马尾松激光共聚焦纹孔图

形状较单纹孔大，数量也较多，一般为单列，少数2列，尤其多分布于早材纤维。因此，马尾松纤维的纹孔特性使其断裂荷载大打折扣，进一步削弱了其抗拉强度和断裂应变的数值。

4. 结晶度的影响

单纤维的增强体是纤维素。纤维素是由许多大分子链构成的连续结构，在大分子排列最致密的地方，分子链平行排列，定向良好，形成纤维素的结晶区，在分子链排列较为稀疏的区域，定向规律性较差，为纤维素的非结晶区。结晶区占纤维素整体的百分比称为纤维素的结晶度。

竹木等木质材料，通常随着结晶度的增加，其纤维的弹性模量、硬度、抗拉强度、尺寸稳定性也随着增加(鲍甫成等，1998)，反之，结晶度低，即无定形区域多，上述性质随之降低。研究表明，马尾松人工林的相对结晶度为42.3%(鲍甫成等，1998)，毛竹竹青处的相对结晶度为46.8%(刘波，2008)，因此，毛竹大的结晶度进一步加大了其力学性质与马尾松的差距。

5. 纤维素含量的影响

纤维素是大量葡萄糖基所构成的大分子直链化合物，是单纤维在拉伸过程中的主要承载物质，纤维素的含量越高，单纤维的纵向力学性质越好。综纤维素是指植物纤维原料在除去木质素后剩余的全部碳水化合物。毛竹的综纤维素含量为75%左右(江泽慧等，2002)，马尾松稍低，为70%左右(鲍甫成等，1998)，因此，纤维素含量的影响使毛竹与马尾松的纵向力学性质差距加大。

第二节　竹木材细胞壁力学特性对比

一、试件采集制备与测试方法

毛竹与马尾松材料与上一节中相同，其单纤维细胞次生壁的力学特性采用纳米压痕的方法进行测试，具体步骤和参数详见第五章。

二、结果与讨论

(一)马尾松细胞壁的力学特性

为了说明年轮不同位置处纤维细胞次生壁力学性质的差异，马尾松第24年轮的早材、过渡材和晚材纤维细胞次生壁的弹性模量(MOE)和硬度被精确测试，详细结果见图7-7。马尾松早材和过渡材纤维细胞次生壁的弹性模量均为19.95 GPa，晚材略高，为21.08 GPa，与早材和过渡材相差1.13 GPa；早材纤维细胞次生壁的硬度最高，为0.5378 GPa，晚材硬度与之基本相当，为0.5345 GPa，过渡材硬度略小，为 0.5112 GPa。总体来看，马尾松第 24 年轮早材、过渡材和晚材纤维细胞次生壁的弹性模量和硬度数值相差不大，由于晚材细胞壁较厚，测量定位方便，因此，对其的纳米压痕测试均只考虑晚材位置。

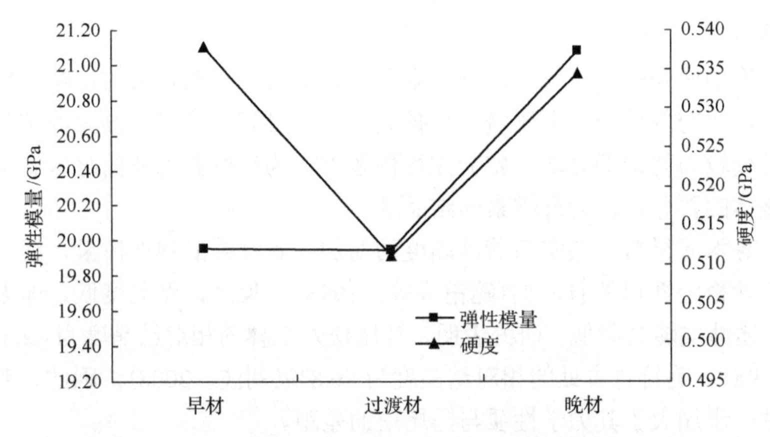

图 7-7　马尾松第 24 年轮纤维次生壁的弹性模量和硬度

如表 7-7 所示，对于马尾松，不管是正常木还是应压木，成熟材第 24 年轮的弹性模量均比幼龄材第 2 年轮高出 3 GPa 左右，而硬度的变化也是成熟材大于幼龄材，正常木第 2 年轮的硬度数值有些例外，数值较高，这可能与该年轮位置处高的树脂含量和制样有关，具体原因有待进一步研究。对比正常木和应压木的各对应年轮，正常木纤维次生壁的弹性模量明显高于应压木，硬度的变化趋势与弹性模量一致。

表 7-7　马尾松正常木与应压木纤维次生壁力学性质

	正常木第 2 年轮	应压木第 2 年轮	正常木第 24 年轮	应压木第 24 年轮
弹性模量/GPa	17.34	14.72	20.46	17.53
硬度/GPa	0.5317	0.4483	0.5216	0.5073
微纤丝角/(°)	22.54	32.34	12.57	25.19
测试数/个	41	20	25	51

表 7-7 中，马尾松及应压木纤维细胞次生壁的弹性模量变化受微纤丝角的变化影响较大，因此，将两者的关系用散点图表示出来(图 7-8)，并添加趋势线，发现弹性模量和微纤丝角高度线性负相关，其 R^2 达到 0.9692，说明纤维细胞次生壁的弹性模量大小高度依赖于相对应的微纤丝角。由于应压木纤维细胞次生壁的微纤丝角较大，因此其弹性模量明显较低。

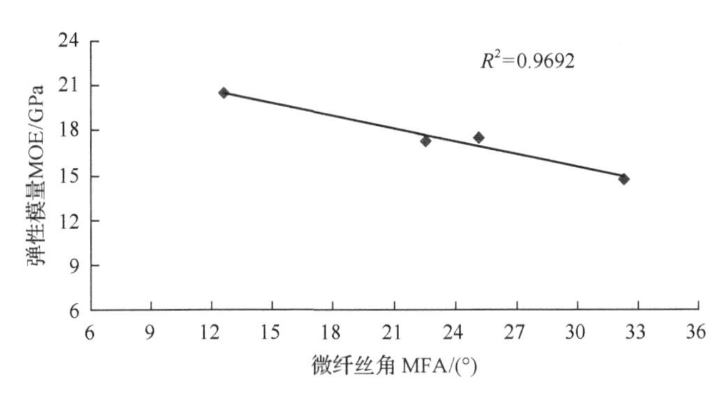

图 7-8　马尾松纤维次生壁弹性模量随微纤丝角的变化

宏观上一般认为，应压木的木质素含量较正常木高(黄振英，2004)，高木质素含量通常直接导致高硬度的产生。而对于微观细胞次生壁的硬度测量，应压木的数值并不比正常木高。虽然 Parham 和 Côté(1971)等认为，应压木管胞中的木质素含量比正常木高 7%，细胞壁 S2 层高度木质化，尤其是 S2 层外侧木质化程度最高，但是，Donaldson 等(1999)指出应压木管胞中的木质素含量在细胞与细胞之间变异非常大，应压木管胞次生壁的木质素含量可能与正常木相当或更低。作者认为，在微观领域，对于成熟的细胞，决定细胞壁硬度大小的主要因素是细胞壁的密度，而不是微纤丝角和木质素含量。木质素含量高，硬度不一定大。例如，两个成熟的细胞，只要它们在结构上完整，并且细胞壁密度差异小，那么，不管两者木质素含量的差异有多大，硬度的差异应该是不大的。当然，发育过程的细胞就不同了，随着木质素的沉积，细胞壁密度增大，硬度也会增大。因此，应压木的硬度数值不比正常木高也不难理解。

(二) 竹木材细胞壁力学特性对比

毛竹和马尾松纤维次生壁的力学性质对比见表 7-8，表 7-8 中毛竹纤维次生壁的平均弹性模量和硬度分别比马尾松大 2.83 GPa 和 0.04 GPa，也就是说，毛竹纤维次生壁的性质优于马尾松，两者平均弹性模量和硬度的差值都达到了 10%左右。

表 7-8　毛竹和马尾松纤维次生壁力学性质对比

	弹性模量/GPa	硬度/GPa	微纤丝角/(°)
马尾松	18.90	0.53	17.55
毛竹	21.73	0.57	9.54

毛竹和马尾松纤维细胞次生壁的横截面纳米压痕测试图见图 7-9 和图 7-10。在图 7-9 和图 7-10 中，压痕的测试位置均是壁层较厚的次生壁，压痕的深度都比较小(分别为 150 nm 和 120 nm)，那么，在测试条件相同的情况下，为什么结果

存在差异呢？图 7-9 和图 7-10 显示，毛竹和马尾松纤维壁厚差异较大，但是该章第一部分已经证明马尾松的细胞壁壁厚对纳米压痕测试数据的影响不显著，那么，对于细胞壁也较厚的毛竹纤维来说，壁厚的影响会更小。至于纹孔的影响，会在测试和数据处理过程中予以排除，因为若纹孔存在，则测试曲线不连续而且会在加载曲线段出现荷载不变、位移急剧增大的平台段。因此，本节从微纤丝角、结晶度以及细胞壁结构方面分析毛竹和马尾松纤维细胞次生壁力学性质存在差距的原因。

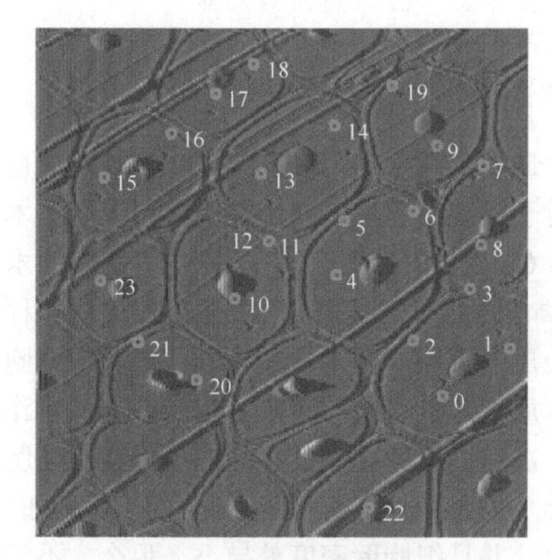

图 7-9　毛竹纤维细胞壁

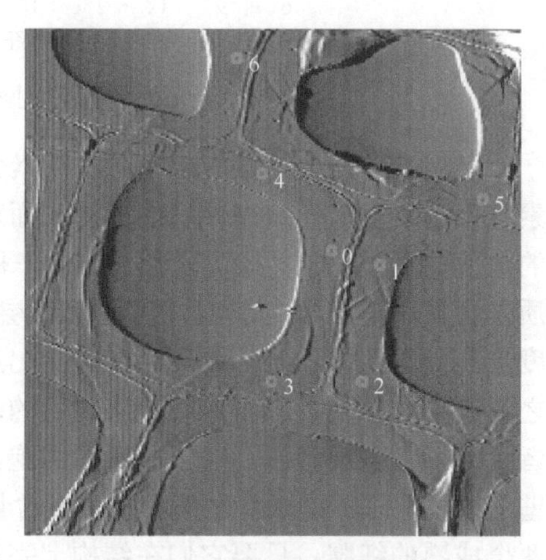

图 7-10　马尾松纤维细胞壁

1. 微纤丝角的影响

众多研究者认为，微纤丝角对纤维细胞次生壁的弹性模量影响较大。表 7-8 中，毛竹纤维的平均微纤丝角较小，为 9.54°(6 个月龄和 18 个月龄的平均值)，而马尾松纤维的平均微纤丝角比毛竹大 8.01°，几乎是毛竹纤维的 2 倍，因此，毛竹纤维细胞次生壁的弹性模量理应比马尾松高得多，然而，两者之间的差距并不是特别大，这可能是由于作者将马尾松幼龄材的微纤丝角数值计算得较实际高(幼龄材第 2 年轮的 X 射线衍射曲线强度很低)，也可能是由于马尾松幼龄材中自身所含树脂的影响，具体原因有待进一步深入探索。

微纤丝角对纤维细胞次生壁的硬度影响也较大，微纤丝角越小，硬度越大，表 7-8 中的数据证实了该结论的正确性。然而，毛竹和马尾松的硬度差异不是特别大，原因可能与试样有关：毛竹的硬度数据来自不大于 18 个月龄的幼竹，幼竹的硬度较成熟竹小，而马尾松的硬度数据来自幼龄材和成熟材的平均值，而且马尾松第 2 年轮的硬度数值偏高(树脂或制样原因)。

2. 细胞壁结构的影响

毛竹纤维细胞的次生壁为纳米级的薄层和微米级的厚层交替重复的多壁层结

构，纳米级压痕一般压于微米级的厚层中，而所压的厚层被不断重复的薄层、厚层层层束缚，这种结构为压痕提供了较强的支撑，使所测的力学数值较高。而马尾松的次生壁虽然也较厚，但只受较薄的 S1 层和 S3 层束缚，因此，毛竹细胞壁的力学性质高于马尾松。

3. 结晶度的影响

X 射线测定纤维素结晶区的长度约为 60 nm，其横向尺寸约为 10 nm×4 nm（申宗圻，1993），而纳米压痕的压痕深度和压痕直径（100 nm）远大于这个尺寸，因此，结晶度的大小会影响纤维细胞次生壁的力学性质，结晶度越大，其力学性质越好。如上文中所述，马尾松人工林的相对结晶度为 42.3%（鲍甫成等，1998），毛竹的相对结晶度为 50%左右，因此，毛竹纤维细胞次生壁的平均弹性模量和硬度优于马尾松。

第三节　毛竹和马尾松单纤维细胞断口特性对比

一、毛竹单纤维的断口特性

毛竹纤维细胞形状细长平直，两端尖锐，横截面近乎圆形，细胞壁较厚，由窄宽交替的薄层、厚层复合而成，各层之间有不同的角度，薄层的微纤丝角较小，厚层的微纤丝角较大，细胞壁侧壁上具有少数而近圆形的单纹孔。

通过场发射环境扫描电镜的观察，发现毛竹单纤维的断裂特性大致可分为多级脱层断裂和近齐口断裂两种模式。

（一）多级脱层断裂

毛竹单纤维在拉伸时的变形主要是可恢复的急弹性变形，这种变形主要是由纤维大分子链本身的键长、键角的伸长和分子链间次价键的剪切所引起。毛竹纤维细胞壁中，厚层和薄层的大分子链取向度（微纤丝角）相差很大，因此，在拉伸过程中，厚层和薄层界面之间的次价键很容易受剪切而发生断裂，从而引起错位滑移，随着拉力的进一步增大，两界面不断分离、撕裂，乃至脱层，由于薄层、厚层在细胞壁中不断重复交替，所以厚层逐渐被拔出，最终会出现如图 7-11 所示的多级脱层断裂。如图 7-11 所示，0.5 年生和 2.5 年生的毛竹单纤维均呈现多级脱层断裂模式。作者在观测中发现，不同竹龄的毛竹单纤维中，多级脱层断裂为断裂的主要模式，也就是说，该断裂模式在各个竹龄中均占有很大比例。如图 7-11（a）所示，近竹青位置处的 0.5 年竹龄的毛竹纤维，壁层发育已基本完成，多级脱层断裂特征比较明显。

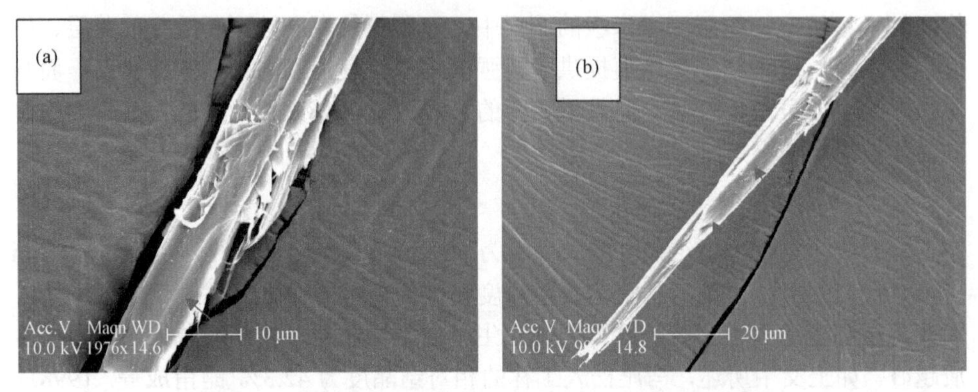

图 7-11 0.5 年生(a)和 2.5 年生(b)竹纤维的多级脱层断裂

(二)近齐口断裂

毛竹单纤维在拉伸过程中，由于受试样制备方法的影响，试样表面在拉伸前可能提前发生破坏，相当于断裂力学中的预制裂口，当纤维受力拉伸时，应力在该位置处急剧集中，使裂缝迅速沿“预制裂口”扩展，形成相对整齐的横向破坏——近齐口断裂(图 7-12)。也就是说，拉伸前部分大分子链已经发生断裂。另外，由于竹纤维存在贯穿细胞壁的纹孔孔洞，使纤维被拉伸时极易在该位置附近处产生最弱点或应力集中点，从而导致贯穿纹孔或在纹孔上下边缘的横向断裂。作者在观测中发现，近齐口断裂模式存在于各个竹龄的毛竹单纤维中，尤其在 8.5 年生的毛竹单纤维中更为常见(图 7-12)，这可能与 8.5 年竹龄纤维中高的木质素含量有关。

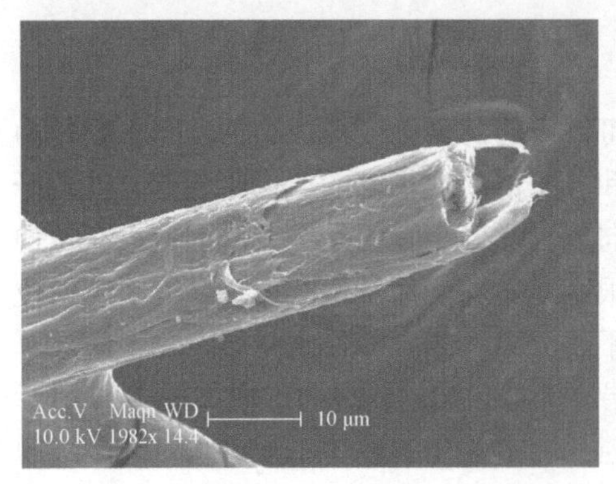

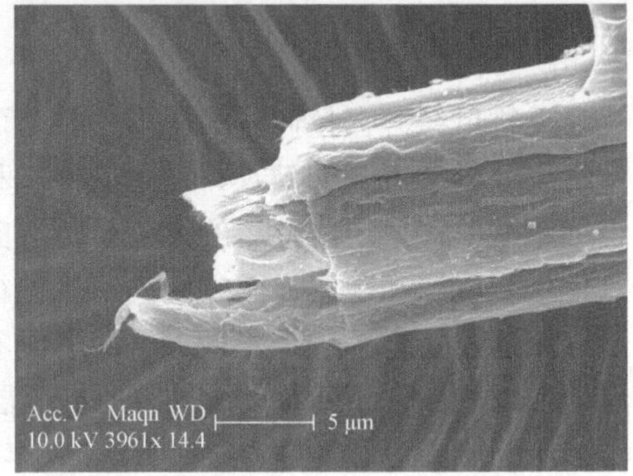

图 7-12 8.5 年生竹纤维的近齐口断裂

二、马尾松单纤维细胞断口特性

马尾松的纤维(管胞)也是一种锐端细胞，从横切面观察，早材纤维为四边形或六边形，胞腔大而壁薄，晚材纤维为多边形或长方形，胞腔小而壁厚。马尾松纤维的细胞壁由初生壁和次生壁组成，一般认为，次生壁分为 S1、S2、S3 三层，S2 层占整个细胞壁壁厚的 70%以上，是细胞壁的主体，S2 层的微纤丝角较小，微纤丝走向几乎与纤维主轴垂直。马尾松纤维早材细胞壁上具有一列或两列大的具缘纹孔，晚材细胞壁上也具有少量的小的具缘纹孔。

通过场发射环扫电镜观察，发现马尾松单纤维的断裂分为碎片状断裂和横向断裂两种模式(图 7-13 和图 7-14)。马尾松早材第 2 年轮单纤维的具缘纹孔较多，最初的裂口很可能发生在应力高度集中的纹孔附近(图 7-13)，而且早材第 2 年轮单纤维的微纤丝角较大(22.54°)，在拉伸过程中，微纤丝之间容易发生滑移，裂痕很容易沿着微纤丝的方向扩展演化，随着拉力的进一步增大，微纤丝不发生断裂而逐渐沿纤丝搭接处拔出，最终出现如图 7-13 所示的碎片状断裂。马尾松晚材第 24 年轮单纤维的木质素含量较高，微纤丝角较小(12.57°)，在拉伸过程中，微纤丝直接受力，随着拉力的不断增大，大量的纤维素大分子链被拉断而发生如图 7-14 所示的整齐的横向断裂，断裂的最初位置可能在纹孔及其附近区域。

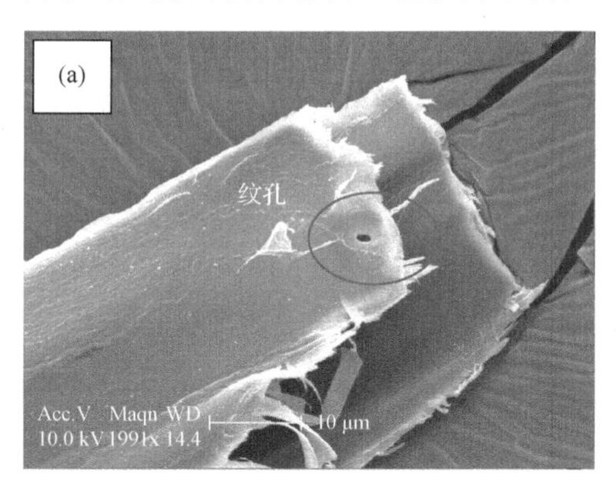

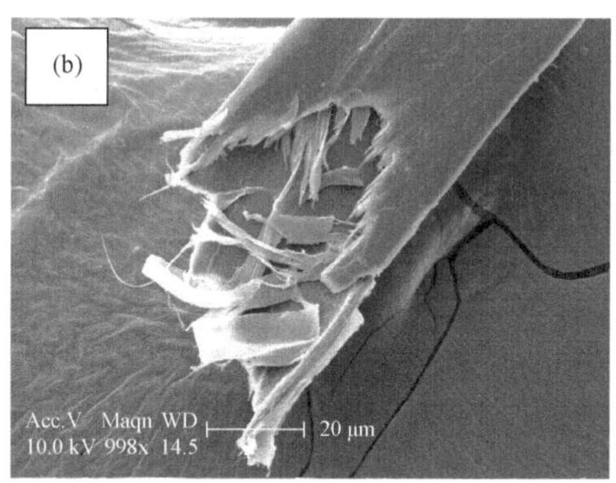

图 7-13　马尾松第 2 年轮纤维的碎片状断裂

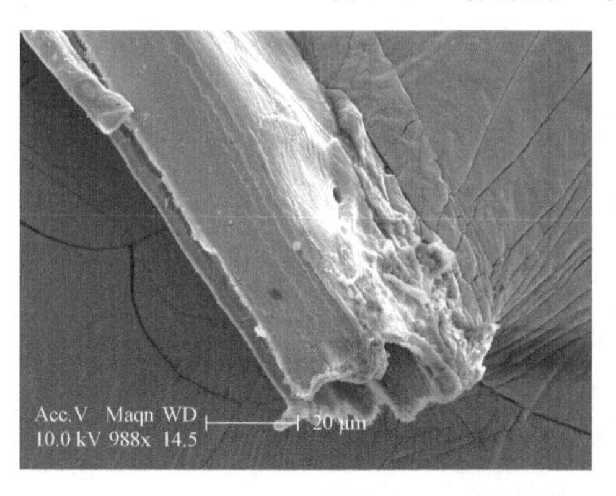

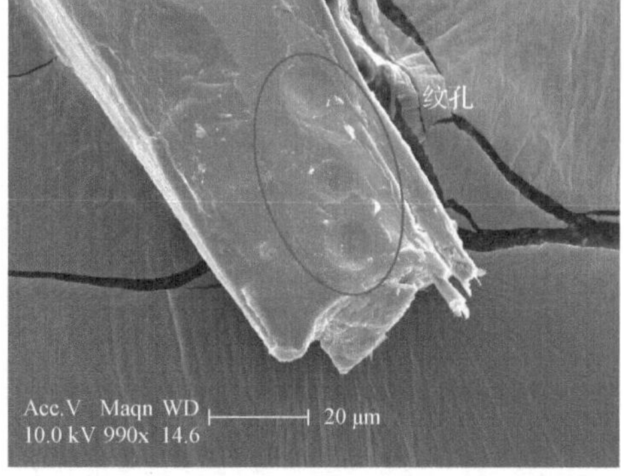

图 7-14　马尾松第 24 年轮纤维的横向断裂

由于毛竹细胞壁独特的窄宽交替的薄层、厚层复合结构，以及小的微纤丝角和少的单纹孔，使毛竹纤维力学性质稳定，不容易发生断裂和破坏，断口特性以多级脱层断裂为主，而马尾松细胞壁结构简单，微纤丝角较大，而且形态大的具缘纹孔较多，因此，力学性质较差，幼龄材易发生韧性断裂甚至碎片状断裂，成熟材易发生脆性断裂。

第八章　发育过程中竹材细胞的力学行为

竹纤维性能独特、环保可再生、生长周期短，被广泛应用于造纸、纺织及各种高新材料领域，包括新生的复合材料及纳米材料制造领域(Takagi *et al.*，2003；Khalil *et al*，2012)。作为材料的组成物质或增强相，竹纤维本身的力学性能必然会影响这些产品的最终性能，因此，必须选择和利用合适的竹纤维，才能设计开发出高性能的产品(Okubo *et al*，2004)。

毛竹是我国重要的用材竹种，无论是材积蓄积量还是种植面积都居于世界首位。与木材纤维细胞壁相比，国内外学者对竹纤维细胞壁的力学性质研究相对较少且较迟。2007 年，余雁、费本华等开始使用原位纳米压痕系统对成熟毛竹纤维细胞壁的力学特性进行开创性研究。接着，2008 年，刘波对 17 天至 6 年生的毛竹纤维次生壁的力学特性进行了分析，指出木质素含量和分布及纤维素结晶度与细胞壁力学性质呈正相关。随后，美国的 Zou 等(2009)也通过纳米压痕仪测试得到了成熟毛竹细胞壁的力学性能数据。

近期，有关竹材纤维细胞壁的研究虽然逐渐增多，但是研究发育过程中竹纤维细胞壁的力学特性还十分有限，而该研究能够为竹材的生长发育和木质素沉积提供力学上的证据，也能够为竹纤维的选择利用、竹材的基因改良和定向培育提供量化的目标和指标，具有重要的理论和实际意义。因此，作者分别采用单根纤维拉伸技术和纳米压痕技术对发育过程中毛竹单根纤维及纤维细胞壁的力学性能进行了系统的研究，并分析维管束不同位置和竹龄对力学性质的影响，以期为相关的基础研究提供理论数据。

第一节　不同竹龄竹材单根纤维的力学行为

一、试件采集制备与测试方法

毛竹采自浙江省富阳市庙山坞林场黄公望森林公园，竹龄分别为 0.5 年、1.5 年、2.5 年、4.5 年、6.5 年、8.5 年，胸径均在 10 cm 以上，竹干通直，生长良好。具体生长情况见表 8-1。

在每株毛竹 2 m 高处竹节的中间部位锯取 5 cm(*L*)高竹筒，沿竹筒纵向劈制 5 cm 高 1cm(*T*)宽的竹条，选择竹条上距竹青 1 mm 的位置，沿径向向内劈取 1 mm(*R*)左右厚的薄片，将该薄片劈成火柴棒状的竹棍，竹棍尺寸 1 mm×1 mm×25 mm

表 8-1　不同竹龄毛竹的生长情况

竹龄/年	2 m 高处直径/cm	2 m 高处节长/cm	2 m 高处壁厚/mm	XRD 试样厚度/mm
0.5	13.1	23	10.57	1.45
1.5	11.0	25.2	9.46	1.32
2.5	10.2	25.8	10.23	1.16
4.5	12.0	23.0	9.30	1.28
6.5	11.7	23.7	10.63	1.30
8.5	10.5	22.2	10.95	1.53

($R\times T\times L$)。将竹棍放入装有纤维离析液(30%过氧化氢：冰醋酸：水=4：5：21)的试管中，置于 60℃烘箱，利用纤维离析法将小竹棍离析成单纤维。最后借助滴管使单纤维充分分散于载玻片上并烘干。

在实体显微镜下，用超精细的镊子把单纤维两端滴上直径约 200 μm 的树脂微滴，然后将其放于 60℃的烘箱中固化，平衡温度、湿度后用组装的 Instron 微型力学试验机进行力学拉伸测试(图 8-1)。

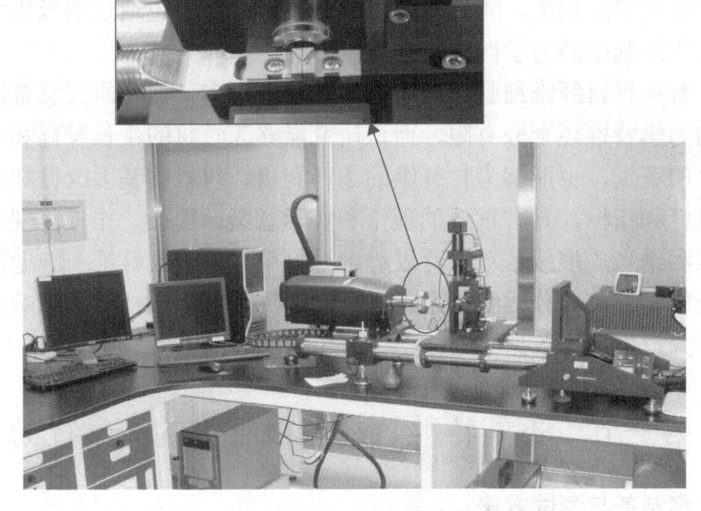

图 8-1　组装后的 Instron 微型力学试验机

设定加载速率 0.8 μm/s，预张紧力 10 mN，实时记录纤维的载荷位移曲线(图 8-2)。每个竹龄的有效测试数据 25 个以上，各个竹龄共计 197 个有效数据。

拉伸测试完成后，选择较长的拉断后的纤维段，用超精细的镊子将其置于实体显微镜下用吖啶橙溶液染色 5 min，然后将纤维段用纯净水冲洗 10 s 左右，之后用锋利的刀片将纤维段上的树脂微滴切除，最后将试样用组织胶固定于载玻片上，并用加拿大树脂胶进行封片。

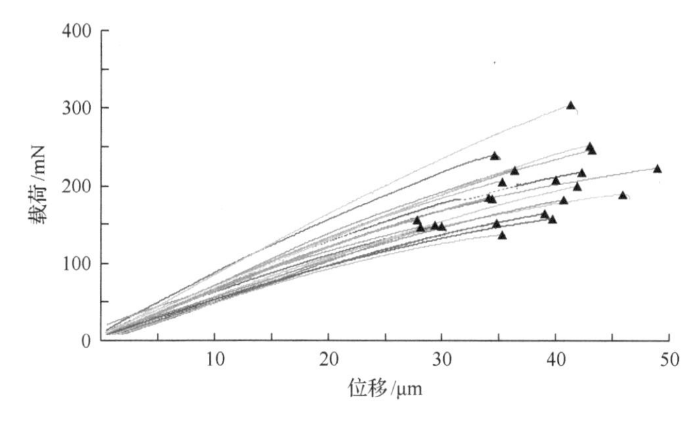

图 8-2　单纤维的荷载位移曲线图

随后，用激光共聚焦显微镜测定毛竹纤维细胞壁的横截面面积。选择 488 nm 的激发光波长，6.7 A 的测试电流，63 倍的油镜进行激光图像的扫描。图 8-3 即为扫描得到的毛竹单纤维段的三维立体图和横截面图。单纤维断口处的横截面面积可以利用仪器自带的图像软件计算得出。

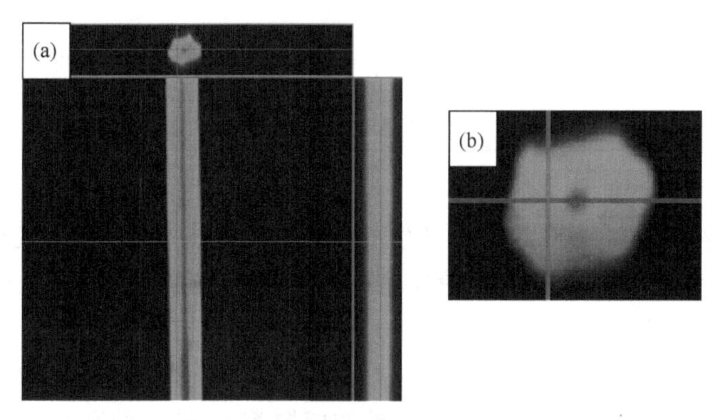

图 8-3　单纤维段的三维立体图(a)和横截面图(b)

二、结果与讨论

利用组装后的 Instron 微型力学试验机测得的 4.5 年生毛竹单纤维的荷载位移曲线见图 8-2。图 8-2 中曲线分布较为集中，线性度非常好，无明显的屈服点和相对滑移，表现出较明显的脆性断裂特征。经过大量的试验，发现使用该技术和设备能使一半以上的纤维在中部或中部附近区域断裂，说明该方法比较适合毛竹单纤维的力学性能测试。

从图 8-2 中还可看出，室温条件下，气干毛竹单纤维的荷载位移曲线是几乎完美的直线，无明显的屈服点和强化点，说明毛竹单纤维的变形主要是可恢复的急弹性变形，这种变形主要是纤维大分子链本身的拉伸，即键长、键角的变化。

当外力进一步增加时，细胞壁无定形区中的大分子链为了克服分子链间的次价键力而进一步伸展和取向，此时不断伸直的大分子链可能直接被拉断，也可能从不规则的晶体中抽拔出来，最终使单纤维发生脆性断裂。

表 8-2 是不同竹龄毛竹单纤维的力学性质测试结果。被测单纤维的平均跨距为 0.7044 mm，平均细胞壁横截面面积为 147.84 μm^2，平均断裂载荷为 220.88 mN，其中，4.5 年生的平均细胞壁横截面面积相对较小，0.5 年生的平均断裂荷载与总平均断裂荷载基本相当。被测单纤维的平均抗拉强度为 1543.77 MPa，平均弹性模量为 33.86 GPa；断裂时平均破坏应变达到4.85%，其中，最大破坏平均应变为5.74%。

表 8-2　不同竹龄毛竹的力学性质

年龄/年	样数/个	跨距/mm	横截面面积/μm^2	断裂荷载/mN	抗拉强度/MPa	弹性模量/GPa	破坏应变/%	MFA/(°)
0.5	29	0.7725	144.45	209.87	1500.12	35.72	4.34	9.39
1.5	28	0.7073	171.55	257.87	1516.30	31.83	5.55	9.69
2.5	28	0.691	143.75	234.22	1696.55	32.15	5.74	11.83
4.5	30	0.677	117.88	198.31	1749.44	33.83	5.25	10.99
6.5	25	0.7203	150.38	184.11	1252.22	34.19	3.63	9.81
8.5	29	0.6583	159.04	240.91	1547.99	35.46	4.58	9.88
平均值	28	0.7044	147.84	220.88	1543.77	33.86	4.85	10.27

注：MFA 为微纤丝角。

Groom 等(2002a，2002b)采用相似的单纤维拉伸技术对落叶松晚材纤维的抗拉强度和弹性模量进行了测定，测得的数值分别为 410～1422 MPa 和 6.55～27.5 GPa；Burgert 等(2002)报道了欧洲云杉(*Picea abies*)的最大抗拉强度为 1186 MPa，最大弹性模量为 22.6 GPa。试验中毛竹纤维的抗拉强度和弹性模量平均值远高于成熟的木材纤维，这是由于毛竹纤维具有特殊的壁厚腔小(图 8-4)和小微纤丝角(表 8-2 中的平均值为 10.27°)结构。另外，毛竹纤维细胞壁上的纹孔数量少、尺寸小，而且是单纹孔，这也是导致毛竹纤维力学性质高的重要原因之一。

作者前期使用课题组研发的高精度植物短纤维拉伸仪对 6.5 年生的毛竹单纤维的力学性能进行了测试，得到其平均抗拉强度和平均弹性模量分别为 751.96 MPa 和 23.26 GPa(黄艳辉等，2009)，平均断裂荷载为 157.98 mN，该结果与该章的测试结果相比，数值较低，这是由于前者将单纤维的横截面视为实心圆，而实心圆的面积测量是通过拉伸仪拍得的直径照片进行面积估算的，最终高估了单纤维的截面积，造成所得的力学性质较低。另外，Instron 微型力学试验机自身的高精度也是数值较高的重要原因之一。

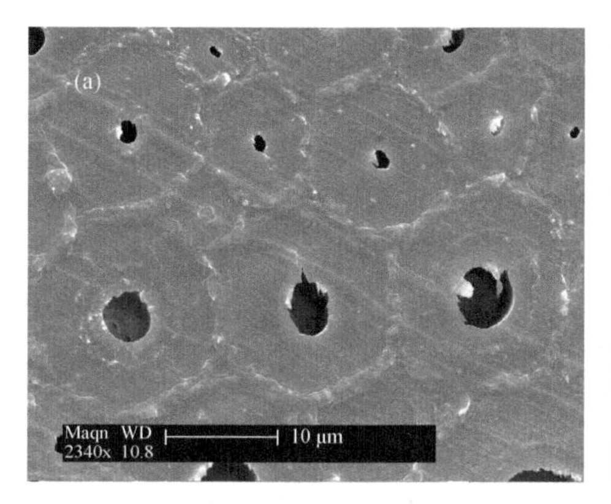

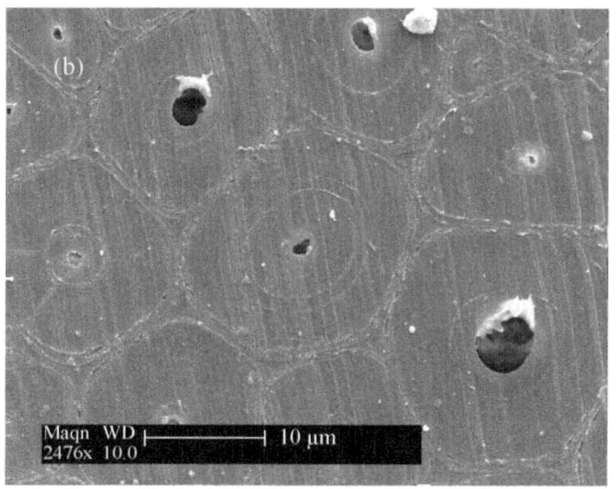

图 8-4　0.5 年生(a)和 6.5 年生(b)的毛竹横截面

1. 断裂荷载

断裂荷载是指断裂时所受到的荷载，由毛竹单纤维的脆性断裂特性(图 8-2)可知，毛竹单纤维的断裂荷载就是指它的最大荷载。0.5 年、1.5 年、2.5 年、4.5 年、6.5 年、8.5 年竹龄的平均断裂荷载如表 8-3 所示，分别为 209.87 mN、257.87 mN、234.22 mN、198.31 mN、184.11 mN、240.91 mN，各竹龄的平均断裂荷载相差不大。在被测的毛竹单纤维中，最大断裂荷载为 426.77 mN，而最小断裂荷载仅为 120 mN 左右，只占最大断裂荷载的 28.2%。各个竹龄断裂荷载的变异系数较大，均在 20%以上，8.5 年生断裂荷载的变异系数最大，达到 37.83%。

表 8-3　不同竹龄毛竹的最大荷载

年龄/年	0.5	1.5	2.5	4.5	6.5	8.5
平均值/mN	209.87	257.87	234.22	198.31	184.11	240.91
最大值/mN	326.66	392.85	362.84	303.92	319.08	426.77
最小值/mN	125.16	119.48	137.67	137.01	113.93	113.94
标准差	58.25	66.96	59.01	42.66	50.63	91.12
变异系数/%	27.75	25.97	25.20	21.51	27.50	37.83

Lybeer 等(2006)和刘波(2008)认为，竹材在 1 年竹龄时纤维细胞壁的增厚和木质化已经基本完成，竹青位置应该比竹黄位置完成得更早，论文选用的是近竹青位置的纤维细胞，而此位置 0.5 年生的毛竹纤维的细胞壁厚度与 6.5 年生的细胞壁厚度相差不大(图 8-4)，对比激光共聚焦的测试数据也发现，0.5 年竹龄的横截面面积与其他竹龄相当(表 8-2)，另外，决定力学性质的重要因素——微纤丝角，在不同竹龄之间的变化也很小(表 8-2)，因此，不同竹龄的平均断裂荷载变化幅度不大。该结论也进一步说明，近竹青位置处，0.5 年竹龄时，毛竹纤维已基本完成细胞壁增厚和木质化。

甘小洪(2005)的研究指出，毛竹纤维是一种长寿细胞，细胞壁在9年竹龄时还可能在增厚，因此，最大断裂荷载出现在8.5年竹龄的毛竹纤维中与该结论相符。最小断裂荷载受纤维制备方法、测试跨距、细胞壁面积、纹孔位置、纤维素含量等多重因素的影响，因而在不同竹龄中均有出现。

毛竹纤维是天然生物性材料，纤维之间本身就存在着形态、结构、化学成分等方面的差异，对于这种受试样本身和试验过程及操作人员等多重因素影响的单纤维试验来说，断裂荷载的变异系数在20%以上属正常现象。例如，试验过程中，人为引起的跨距不一致，直接会加大力学数值的变异系数，这是因为夹持单纤维的跨距越大，两胶滴间的纹孔数量和其他缺陷就越多，造成断裂的概率就越大。在被测的单纤维中，有些竹龄的跨距的变异系数高达17.49%，这无疑导致了断裂荷载大的变异系数。

2. 抗拉强度

竹材的最大强度是顺纹理的抗拉强度，而竹材顺纹理的抗拉强度很大程度上取决于纤维或管胞的强度。由表8-2和图8-5的毛竹单纤维抗拉强度分布图可知，在各个竹龄的毛竹单纤维中，抗拉强度变化较大(变异系数约为20%)，最大抗拉强度2865.60 MPa出现在4.5年生的毛竹纤维中，最小抗拉强度874.57 MPa出现在0.5年生的毛竹纤维中，两者相差达1991.03 MPa。各个竹龄的平均抗拉强度变化不大，均在1500 MPa左右。6.5年生的平均抗拉强度稍低，为1252.22 MPa。

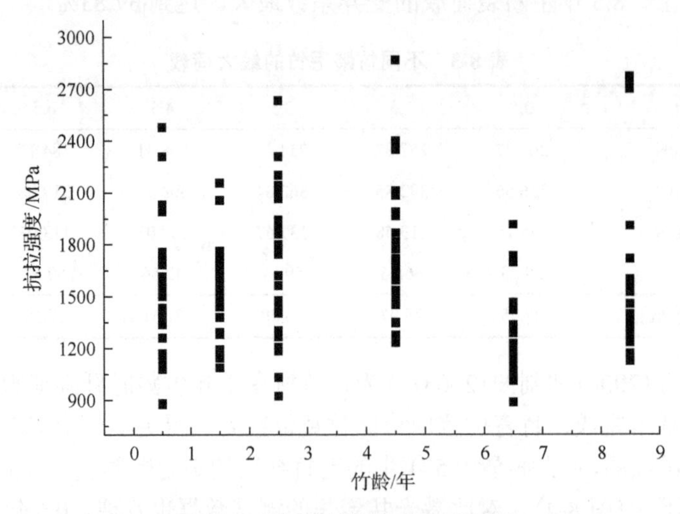

图8-5　单纤维的抗拉强度分布图

毛竹纤维的抗拉强度衡量单位面积上毛竹纤维细胞壁所能承载的荷载的大小。对比表8-2中的数据可知，毛竹纤维的抗拉强度比自然界中纤维素排列最为整齐的亚麻纤维的抗拉强度(1078.63 MPa)高超过400 MPa，接近钢材的抗拉强度

(1961.33 MPa)，与玻璃钢纤维的抗拉强度相当，因此，毛竹纤维是纵向力学性能非常好的生物性材料，“天然玻璃钢纤维”之称也名副其实。

对毛竹宏观力学性质的研究表明，毛竹在 4 年生左右进入成熟期，4 年以前为幼龄期，宏观力学性质较低，4 年以后为稳定期，宏观力学性质较高，8 年以后为老龄期，宏观力学性质有所降低(Zhang *et al.*，2002)。然而，本章对微观单纤维细胞的研究结论与此不同，竹龄变化对单纤维细胞的纵向抗拉强度影响不大，没有呈现“幼龄期、成熟期、老龄期”的力学性能“升高、稳定、降低”三大段变化趋势。Lybeer 等(2006)指出，竹材在 1 年生时纤维和薄壁细胞的细胞壁增厚已经基本完成，且近竹青位置比近竹黄位置先完成细胞壁增厚。刘波(2008)发现毛竹生长到 1 年时维管束内的纤维细胞已经全部木质化，竹青位置比竹黄位置先木质化。论文选用的是近竹青位置的纤维细胞，而此位置 0.5 年生的毛竹纤维的细胞壁厚度与 6.5 年生的细胞壁厚度相差不大(图 8-4)，作者推测，近竹青位置处 0.5 年生时毛竹纤维细胞壁的增厚和木质化已经基本完成，因此，毛竹纤维的平均抗拉强度在不同竹龄间无明显的变化趋势。

3. 弹性模量

毛竹纤维的弹性模量是其应力应变曲线的斜率，在测试时，选择 30～130 mN 的有效荷载所对应的应力应变曲线段进行计算。结果如图 8-6 所示，0.5～8.5 年生竹龄，毛竹纤维的弹性模量无明显的变化趋势，平均值在 33 GPa 左右。其中，0.5 年生毛竹纤维的弹性模量平均值已达 35.72 GPa，最大弹性模量 61.64 GPa 出现在 6.5 年的毛竹纤维中，最大变异系数为 28.8%。方差分析表明，在 0.05 水平上，不同竹龄毛竹单纤维的弹性模量变化不显著(表 8-4)。

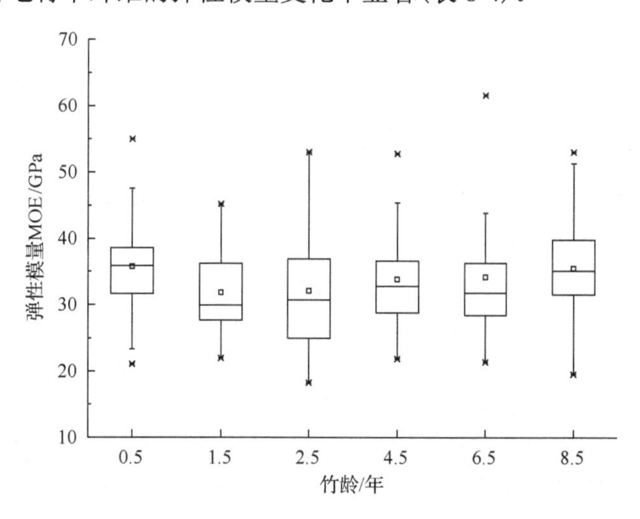

图 8-6　单纤维的弹性模量分布图

表 8-4　不同竹龄单纤维弹性模量的方差分析

	平方和	自由度	均方	F 比的值	显著性概率
组间	373.551 3	5	74.710 27	1.181 902	0.320 285
组内	10 303.54	163	63.211 91		
总和	10 677.09	168			

纤维素分子链是一种高强高弹的物质，其强度高达 10 GPa，杨氏弹性模量高达 150 GPa(程庆正和王思群，2007)。毛竹纤维主要由这种高强高弹的物质作为增强相，与半纤维素及木质素组成的基质复合而成，因此，毛竹纤维的弹性模量也表现出色，最大可达到 61.64 GPa。由上文及其他研究者的研究结论可知，细胞壁的弹性模量高度依赖于微纤丝角的大小(Cave，1968，1969；Page *et al.*，1977；Yu *et al.*，2007)，对于毛竹，不同竹龄的微纤丝角变化不大(3°以内，详见表 8-2)，因此，不同竹龄纤维的弹性模量变化不显著。作者使用纳米压痕技术对细胞次生壁的测试数据也表明，弹性模量在不同竹龄中差异不大，两者结论一致。

毛竹纤维弹性模量大的变异系数与纤维本身、纤维的制备方法、测试跨距等因素有关。毛竹本身是生物性材料，纤维之间本身就存在着尺寸形态方面的变异；另外，化学离析纤维时，由于试样的尺寸和木质素含量不同(0.5 年竹龄纤维木质素含量低)，化学离析的时间必然不同，由此导致的对纤维的化学伤害也不同；而且，人为因素造成的跨距不同也同样不可避免，夹持单纤维的跨距越大，两胶滴间的缺陷就越多，弹性模量的变异系数就越高。

4. 破坏应变

纤维拉伸至断裂时的应变称为破坏应变。不同竹龄毛竹纤维的平均破坏应变(也就是断裂伸长率)相对集中，为 3.63%～5.74%(表 8-2，图 8-7)，平均值为 4.85%。如表 8-5 所示，最小破坏应变 2.53%出现在 6.5 年竹龄纤维中，最大破坏应变 10.55%出现在 1.5 年竹龄纤维中。不同竹龄毛竹纤维破坏应变的变异系数在 14%以上。

表 8-5 中，0.5 年竹龄毛竹纤维的平均破坏应变已达 4.34%，与所有竹龄试样的平均值相差不大，说明试验所用的 0.5 年毛竹纤维的结构和成分已经与其他竹龄相差不大，6.5 年毛竹纤维的平均破坏应变较小，可能是受试样本身和测试过程的影响。总的来看，不同竹龄毛竹纤维的平均破坏应变变化不大，无明显的趋势。这是因为，毛竹纤维的细胞壁壁厚腔小，几乎为实心结构，细胞壁上只有数量小而少的单纹孔，而且又是多壁层薄厚交替结构，厚层微纤丝角平均值仅为 10°左右，因此，毛竹纤维的破坏应变在不同竹龄之间比较稳定。

破坏应变的变异性受试样本身和测试跨距的影响较大，如纤维细胞壁上的纹孔多少和位置的影响，纹孔越多，位置越接近胶滴两端，破坏应变就越小，反之，破坏应变就越大。天然纤维本身的不稳定性和人为操作的不稳定性导致破坏应变的变异性较大。

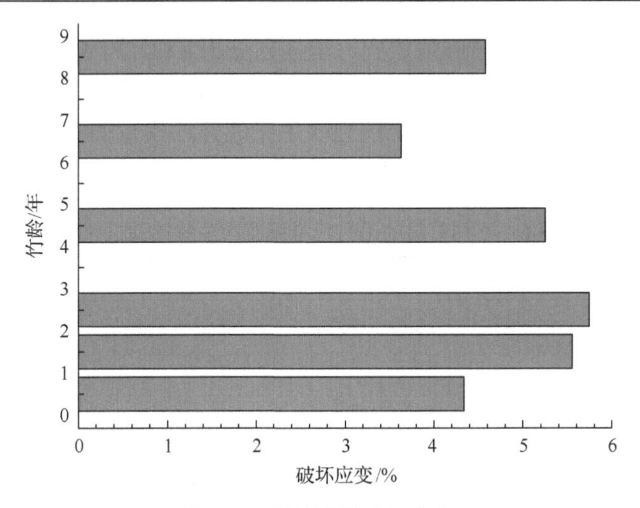

图 8-7 单纤维的破坏应变

表 8-5 不同竹龄单纤维的破坏应变

竹龄/年	0.5	1.5	2.5	4.5	6.5	8.5
平均值/%	4.34	5.55	5.74	5.25	3.63	4.58
最大值/%	5.60	10.55	8.61	7.75	5.03	6.89
最小值/%	2.97	3.13	3.75	3.39	2.53	2.77
标准差	0.78	1.76	1.19	0.92	0.53	1.08
变异系数/%	17.86	31.79	20.69	17.57	14.66	23.68

第二节 不同竹龄竹材细胞壁的力学行为

一、试件采集制备与测试方法

毛竹材料的来源、试样的制备和纳米压痕的参数选择及测试方法详见第五章第二节。

与第五章原材料不一样的是，毛竹竹龄为 1 个月、2 个月、6 个月(0.5 年)、18 个月(1.5 年)、36 个月(3 年)。

二、不同竹龄竹材细胞壁的力学性质

(一)纤维细胞壁的弹性模量

如表 8-6 和图 8-8 所示，1 个月、2 个月、6 个月、18 个月、36 个月龄的毛竹纤维细胞次生壁的弹性模量的平均值分别为 21.51 GPa、16.89 GPa、22.37 GPa、21.30 GPa、22.02 GPa。6 个月龄的毛竹纤维细胞次生壁的平均弹性模量最大，2 个月龄的平均弹性模量最小，1 个月龄、18 个月龄和 36 个月龄的纵向弹性模量居中。在所测的全部弹性模量的数值中，最大弹性模量 25.50 GPa 出现在 6 个月龄的毛竹纤维细胞次生壁中，最小弹性模量 14.80 GPa 出现在 2 个月龄的毛竹纤维细胞次生壁中。不同竹龄毛竹纤维细胞次生壁的弹性模量的变异系数较小，均在 8%以下，18 个月龄毛竹的变异系数最小，为 4.44%。

表 8-6　不同竹龄的毛竹纤维细胞次生壁的弹性模量

年龄/月	1	2	6	18	36
平均值/GPa	21.51	16.89	22.37	21.30	22.02
最大值/GPa	24.76	19.82	25.50	23.31	25.29
最小值/GPa	17.27	14.80	19.14	19.58	19.48
标准差	1.6592	1.3208	1.6584	0.9452	1.5739
变异系数/%	7.71	7.82	7.41	4.44	7.15

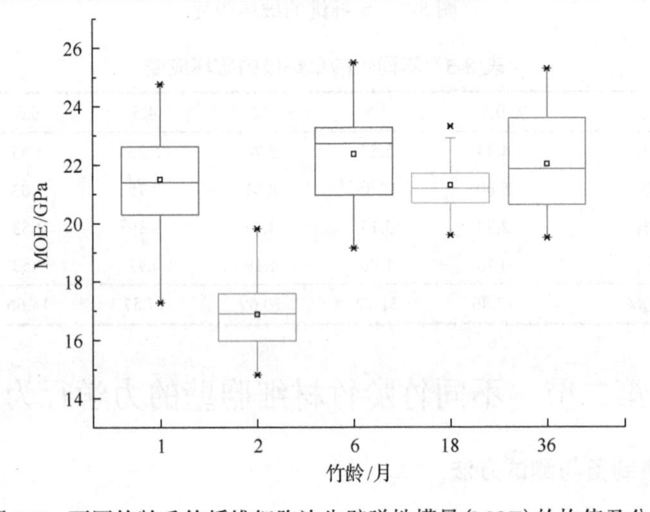

图 8-8　不同竹龄毛竹纤维细胞次生壁弹性模量(MOE)的均值及分布

如图 8-8 所示，1 个月、6 个月、18 个月、36 个月龄的毛竹纤维细胞次生壁弹性模量的平均值非常接近，其中，1 个月和 6 个月龄的弹性模量分布较为分散，而 18 个月及 36 个月龄的弹性模量分布较为集中。2 个月龄的弹性模量数值相对较低，其分布也相对分散。

(二) 纤维细胞壁的硬度

如表 8-7 和图 8-9 所示，1 个月、2 个月、6 个月、18 个月、36 个月龄的毛竹纤维细胞次生壁的硬度的平均值分别为 0.5452 GPa、0.4673 GPa、0.5706 GPa、0.6022 GPa、0.6142 GPa。36 个月龄的毛竹纤维细胞次生壁的平均硬度最大，2 个月龄的平均硬度最小。在所有硬度的数值中，最大硬度 0.6622 GPa 和 0.6514 GPa

出现在 36 个月和 6 个月龄的毛竹纤维细胞次生壁中，最小硬度 0.4043 GPa 出现在 2 个月龄的毛竹纤维细胞次生壁中。不同竹龄毛竹纤维细胞次生壁的硬度的变异系数较小，为 4.32%～8.84%。

表 8-7　不同竹龄的毛竹纤维细胞次生壁的硬度

竹龄/月	1	2	6	18	36
平均值/GPa	0.5452	0.4673	0.5706	0.6022	0.6142
最大值/GPa	0.6235	0.5613	0.6514	0.6503	0.6622
最小值/GPa	0.4892	0.4043	0.4892	0.5404	0.5648
标准差	0.0323	0.0413	0.0402	0.0314	0.0265
变异系数/%	5.92	8.84	7.05	5.21	4.32

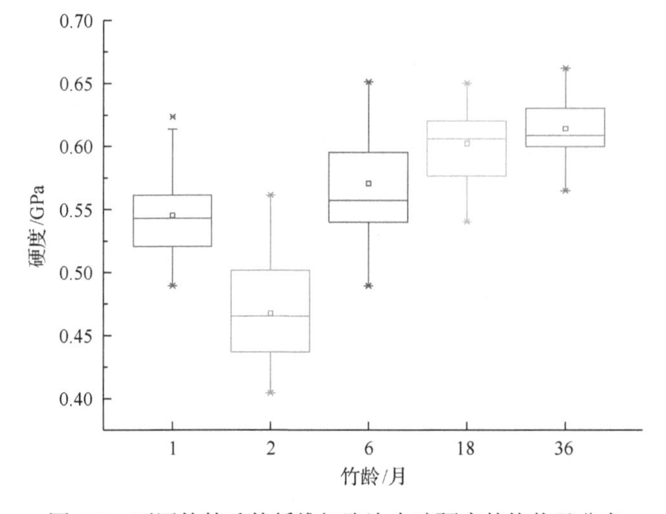

图 8-9　不同竹龄毛竹纤维细胞次生壁硬度的均值及分布

如图 8-9 的晶须图所示，1 个月、6 个月、18 个月、36 个月龄的毛竹纤维细胞次生壁的硬度的平均值逐渐增加，其中，1 个月、2 个月和 6 个月龄的硬度分布较为分散，而 18 个月、36 个月龄的硬度分布较为集中。2 个月龄的硬度数值相对较低。利用 SPASS 软件进行方差分析，结果如表 8-8 所示，即不同竹龄毛竹纤维细胞次生壁的硬度在 0.05 水平上差异显著。

表 8-8　不同竹龄的毛竹纤维细胞次生壁硬度的方差分析

	平方和	自由度	均方	*F* 比的值	显著性概率
组间	0.370 27	4	0.092 57	76.002 69	0
组内	0.188 78	155	0.092 57		
总和	0.559 06	159			

(三) 竹龄对毛竹纤维细胞壁力学性质的影响

竹子是生长速度最快的植物之一，可在 40～120 天的时间内达到成竹的高度。竹笋与由其生成的秆茎的高生长，主要靠居间分生组织形成的节间生长来实现。毛竹竹笋出土后到高停止生长的时间较短，为 40～60 天，高停止生长后，它的粗度和体积不再有明显的变化(江泽慧，2002)。试验所选用的最小幼竹竹龄为 1 个月，此时毛竹高达 8 m 左右，而 2 个月龄的毛竹高度和粗度基本与成竹相当，因此，具有一定高度的幼竹其力学性质也已达到了足以支撑自己和保护自己不受外界破坏的程度。

前期余雁等(2007)使用纳米压痕技术得到 6 年生毛竹纤维细胞次生壁的平均弹性模量和硬度分别为 16.01 GPa 和 0.36 GPa，Wu 等(2009)得到的平均弹性模量和硬度数值比余雁等的略低，而刘波(2008)使用该技术对 17 天生和 4 年生近竹青处毛竹纤维细胞次生壁的平均弹性模量和硬度进行了测量，其值分别为 17.04 GPa 和 0.3717 GPa 以及 22.56 GPa 和 0.5124 GPa。作者经过测试发现，1 个月龄的毛竹纤维细胞次生壁弹性模量和硬度的平均值就已经达到 21.51 GPa 和 0.5452 GPa，比余雁和 Zhou 等对成熟竹的测试数值高得多，比刘波对 17 天生幼竹的测试数值也高很多，与刘波对 4 年生成熟竹的测试数据几乎相当，这除了与测试条件、环境和样品本身有关外，纳米压痕测试手段和制样技术的完善和成熟是主要原因。

在木材科学领域中，密度和微纤丝角是决定木材力学性质的主要因素，研究表明，密度相似时，微纤丝角对木材弹性模量的变化起着决定性作用，两者呈负相关，微纤丝角越大，弹性模量越小(Cave，1968，1969；Page *et al.*，1977；田根林等，2010b)。Wu 等(2009)对 10 种阔叶材纤维的纳米压痕测试也表明，弹性模量随微纤丝角的增大而减小，两者间的决定系数达到 0.7，其他研究者也发现了细胞壁弹性模量对微纤丝角的强依赖性(Harrington *et al.*，1998；Gindl and Schöberl，2004；Tze *et al.*，2007)。竹材和木材都是生物性材料，结构和性质相似，因此，竹材的微纤丝角也是决定其力学性质的重要因素(Yu *et al.*，2007)，也就是说，微纤丝角对毛竹纤维细胞次生壁弹性模量的变化起着决定性作用。作者对所测的毛竹纤维的微纤丝角进行了测定，发现微纤丝角的变化在 3°以内，即微纤丝角在竹龄间变化不大，因此，受微纤丝角影响的纤维细胞次生壁的弹性模量在竹龄间的变化应该不大，本章的测试结果与该理论相符，即 1 个月龄的弹性模量的平均值与 18 个月龄和 36 个月龄的相差不大。然而，刘波(2008)认为，近竹青处的纤维细胞次生壁的弹性模量随竹龄的增大而增大，但该研究者仅对 17 天生和 4 年生的毛竹进行了研究，结果可能有一定的片面性。作者的测量结果中，2 个月龄的毛竹纤维细胞壁的弹性模量平均值较低，原因很可能与样品的表面粗糙度有关。查看测试时扫描的样品表面图，发现 2 个月龄的试样表面清晰度不高，纤维细胞较难分辨，即表面粗糙度较大。

Gindl 和 Schöberl (2004) 以及 Tze 等 (2007) 认为，细胞壁的纳米压痕硬度与微纤丝角高度相关，微纤丝角越小，硬度越大，田根林等 (2010b) 通过对马尾松细胞壁纳米压痕硬度的测量也提出了微纤丝角与硬度的负相关性。但是，Wu 等 (2009) 对 10 种阔叶材纤维的测试却表明，细胞壁纳米压痕的硬度与微纤丝角之间没有显著相关性。而 Yu 等 (2007) 对毛竹纤维细胞的研究指出，细胞壁的纳米压痕硬度与纤维素和木质素含量正相关，受微纤丝角的影响较小。笔者认为，微纤丝角对细胞壁纳米压痕的硬度有影响，然而，在微纤丝角差距较小时，纳米压痕的硬度主要由变化较大的木质素含量所决定，细胞壁的木质素含量越多，硬度越高。一般来讲，4 年生以下为毛竹的材质增长期，此时期综纤维素含量基本稳定在一定水平，木质素含量随竹龄增加而不断增长 (张齐生等，2002)。因此，从 1 个月龄到 36 个月龄，毛竹纤维细胞的木质素含量不断增加，其硬度也呈明显的增大趋势。刘波在她的博士论文中也指出，近竹青处的纤维细胞次生壁的硬度随竹龄的增大而增大。但是，与弹性模量相似，2 个月龄的数值相对较低，该原因很可能与样品表面的粗糙度相关。另外，1 个月、2 个月、6 个月龄的纤维细胞次生壁弹性模量和硬度的分布相对分散，而 18 个月龄及以后月龄的数值分布较为集中，说明到 18 个月龄时，毛竹力学性质逐渐变得相对成熟和稳定。

第三节　维管束中不同部位竹材细胞壁的力学行为

一、试件采集制备与测试方法

毛竹材料的来源、试样的制备和纳米压痕的参数选择及测试方法详见第五章第二节。与第五章原材料不一样的是，毛竹选择竹龄为 1 个月的竹材。

当用纳米压痕仪测试毛竹纤维细胞壁的力学性质时，需选择相对完整的维管束，将压针移到维管束中导管附近区域的纤维上方，选择纤维细胞壁 (次生壁) 的厚层位置进行压点，并使压点均匀分布在同一圆形纤维细胞的不同位置，以便消除微纤丝角和金字塔形压针的方向性引起的误差。由于毛竹纤维细胞壁厚层的体积含量较高，微纤丝角也较小，对整个细胞壁的纵向弹性模量起支配性作用，而且厚层的尺寸较大，便于压针压入，因此压痕选择该位置区域。测试时保证同一维管束中至少选择有一定间距的 5 个以上的纤维细胞，每个竹龄的有效压痕数大于 20 个，试验共计有效压痕数 134 个。

测试不同竹龄毛竹的力学性质前，为考察纤维细胞在维管束中的位置不同引起的力学性质差异，作者选取 1 个月龄的毛竹试样，沿其维管束中心轴直线方向，从近导管位置向外一直到薄壁细胞附近连续测量了纤维细胞次生壁的纵向弹性模量和硬度，共进行 59 次有效数据采集 (图 8-10)。测试完采用原子力显微镜对试样表面进行扫描以确定样品表面的纳米级平整度和压痕尺寸的规整度。

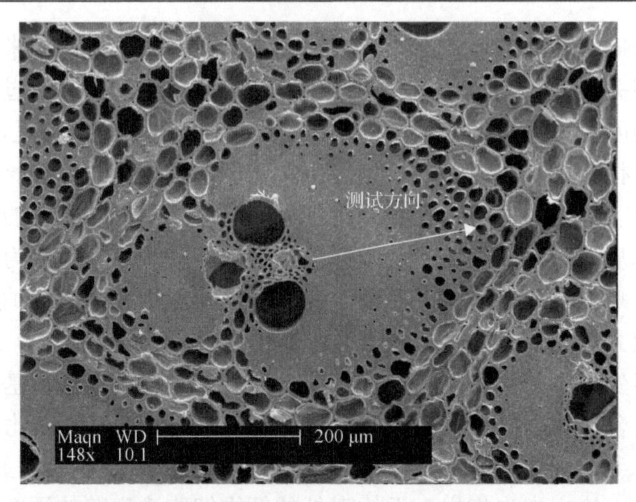

图 8-10　毛竹维管束电镜图和测试方向

二、维管束中不同部位竹材细胞壁的力学性质

如图 8-11 所示，从维管束中心向外，毛竹纤维细胞次生壁的弹性模量变化不大，以 21 GPa 或 22 GPa 为中线上下波动，波幅较小。但是，维管束的边缘，即薄壁细胞附近，弹性模量相对较小，且变化很不稳定。毛竹纤维细胞次生壁硬度的变化趋势比较明显，从维管束中心向外呈逐渐减小趋势。

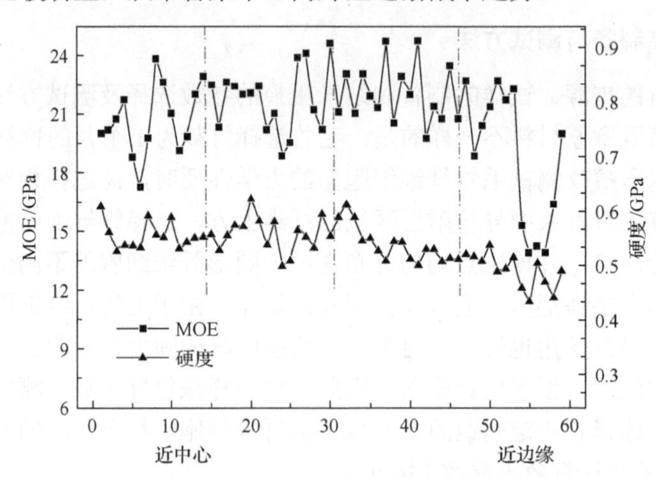

图 8-11　维管束不同位置处毛竹纤维细胞次生壁的弹性模量和硬度

为了进一步说明问题，将维管束中心向外的纤维帽依次分成 1、2、3、4 共四个部分(图 8-12)，将每个部分的测试数据进行平均，得到的结果如表 8-9 所示。第 1、第 2、第 3 部分的弹性模量平均值变化不明显，分别为 21.29 GPa、22.33 GPa、21.48 GPa，第 4 部分的弹性模量降幅较大，平均值为 15.61 GPa。细胞次生壁硬

度的变化范围为 0.4665～0.5603 GPa，从维管束中心往外呈较明显的递减趋势。

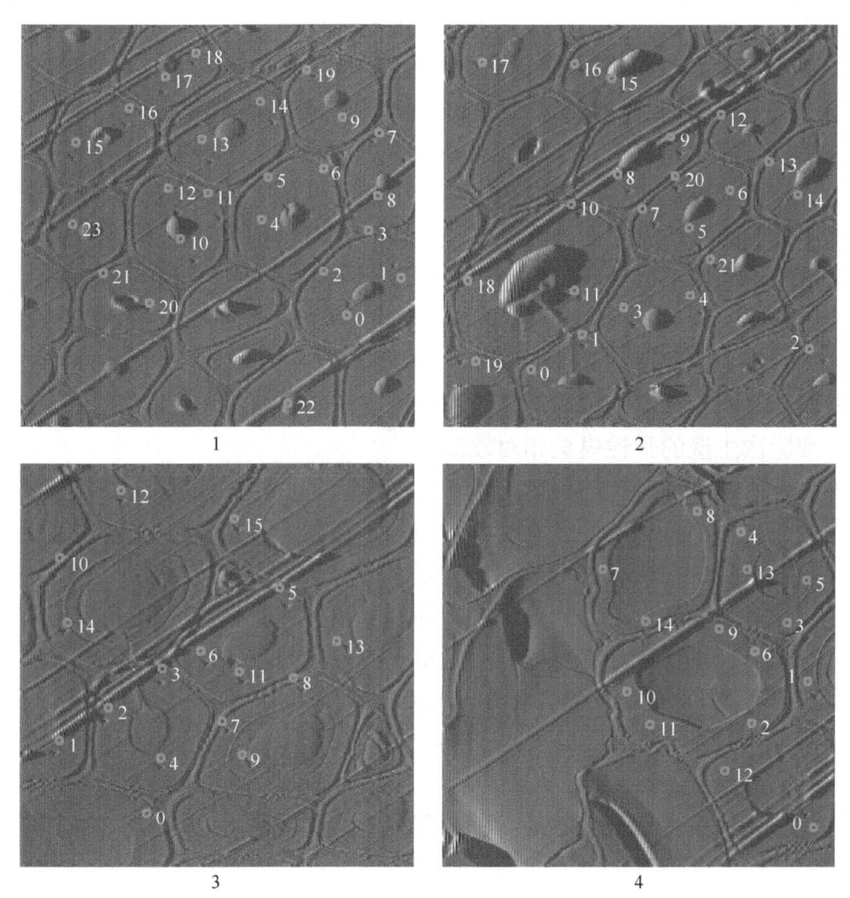

图 8-12　维管束 1、2、3、4 不同位置处的毛竹纤维细胞及压痕

表 8-9　维管束不同位置处纤维细胞次生壁的平均弹性模量和硬度

位置	1	2	3	4
弹性模量/GPa	21.29	22.33	21.48	15.61
硬度/GPa	0.5603	0.5293	0.5129	0.4665

三、纤维在维管束中的位置对细胞次生壁力学性质的影响

维管束由韧皮部、木质部及其周围的纤维细胞群所构成，韧皮部中有筛管、伴胞及小型薄壁细胞，木质部有木质化的导管及薄壁细胞(图 8-10)。纤维细胞位于维管束周围，对内加固输导组织，对外加固基本组织，支持竹秆直立。

纤维细胞在维管束不同位置处的形状、大小和壁厚不同，但是，根据余雁等(2007)的研究结果——毛竹纤维的微纤丝角在径向的变化为一常数，得知同一维管束中纤维细胞微纤丝角的变化不大。又如上节所述，竹材的微纤丝角是决定其力学性质的重要因素。由于被测毛竹纤维的微纤丝角在同一维管束中变化不大，因此，从维管束中心向外，毛竹纤维细胞次生壁的弹性模量变化不明显，该研究结果支持了上述理论(弹性模量对微纤丝角强依赖性)的正确性。

与维管束内部的第 1、第 2、第 3 位置相比，维管束边缘第 4 部位纤维细胞次生壁的弹性模量相对较小，且变化很不稳定，可能与毛竹纤维细胞壁的壁厚和周围的薄壁细胞有关。如图 8-12 所示，第 4 部位的纤维细胞壁很薄，以致压痕很难精确定位于细胞壁中微纤丝角较小的厚层之上(可能打在纤维细胞的薄层、厚层交界处或细胞壁边缘)，导致测试结果离散性大；另外，由于 100 nm 直径的压针压于尺寸相差不大的较薄的纤维细胞壁上时(图 8-12 中分图 4)，界面产生的支撑力可能较弱，又由于纤维细胞周围薄壁细胞弱支撑的影响，导致维管束边缘第 4 部位纤维细胞次生壁的弹性模量相对较低。

如上节所述，细胞壁的硬度与木质素的含量呈正相关关系。作者也认为，微纤丝角的变化对细胞壁的硬度有影响，但是，当微纤丝角变化不大时，细胞壁的硬度主要取决于变化较大的木质素的含量。研究认为，毛竹纤维细胞的发育和壁层加厚以及木质化是以维管束为中心，向外呈辐射状变化的，即纤维细胞的发育和壁层加厚以及木质化最早发生在维管束中心位置附近的纤维细胞中，再以辐射状逐步向外扩散(刘波，2008；Itoh，1990)，因此，维管束中心位置附近的木质素含量最高，纳米压痕硬度最大，从内向外依次减小，至薄壁细胞附近降至最小，本研究结果也支持了该结论。

综上所述，纳米压痕技术是一种强有力的、非常前沿的技术，使用该技术能够得到毛竹纤维细胞次生壁的弹性模量和硬度，且所测结果精确度高、稳定性好、可重复性强。

在不同竹龄间，毛竹纤维次生壁的弹性模量变化不大。1 个月龄的毛竹纤维细胞壁的弹性模量平均值可达 21.51 GPa，与 1.5 年生和 3 年生的竹材的弹性模量平均值相当。随着竹龄的增加，弹性模量逐渐趋于稳定，1.5 年生的弹性模量的数值较为集中。

毛竹纤维次生壁的硬度随着竹龄的变化呈逐渐增加的趋势(0.05 水平上差异显著)。硬度在不同的竹龄间的变化范围为 0.4673～0.6142 GPa，其中，1.5 年生和 3 年生的竹材的细胞壁硬度的数值分布比较集中，力学性质也相对稳定。

在维管束的不同位置处，毛竹纤维次生壁的弹性模量变化不明显，多以 21 GPa 或 22 GPa 为中线上下波动，这与其稳定的微纤丝角有关。但是，在维管束的边缘位置，细胞壁的纵向弹性模量数值较小，为 15.61 GPa，并且变化波动较大。维管束不同位置处，毛竹纤维次生壁硬度的变化范围为 0.4665～0.5603 GPa，由维管束的中心向外，呈现逐渐降低的趋势。

参 考 文 献

安晓静, 王昊, 李万菊, 等. 2014. 毛竹纤维鞘的拉伸力学性能. 南京林业大学学报(自然科学版), 38(2): 6-10

安鑫. 2016. 毛竹纤维细胞壁微纤丝取向与超微构造研究. 北京: 中国林业科学研究院

鲍甫成, 江泽慧, 费本华, 等. 1998. 中国主要人工林树种木材性质. 北京: 中国林业出版社

曹金珍. 2001. 吸着·解吸过程中水分与木材之间的相互作用. 北京: 北京林业大学

陈红, 田根林, 费本华. 2014. 利用 AFM 技术研究毛竹纤维初生壁微纤丝. 林业科学, 50(4): 90-94

陈瑞, 朱圣东, 杨武, 等. 2013. 竹子化学成分的测定. 武汉工程大学学报, 35(2): 57-59

程庆正, 王思群. 2007. 天然木质微/纳纤丝增强纳米复合材料的研究现状. 林产工业, 34(3): 3-7

费本华, 张波, 余雁, 等. 2006. 马尾松纤维的力学性能研究. 中国造纸学报, 21(4): 1-4

甘小洪. 2005. 毛竹茎杆纤维细胞的发育生物学研究. 南京: 南京林业大学

高建民, 伊新双, 母军, 等. 2009. 饱和水蒸气条件下抽提物对枫桦诱发变色的影响. 北京林业大学学报, (S1): 77-80

葛昕, 储德淼, 徐怡凡, 等. 2016. 高温热处理对竹材颜色及其吸附性能影响研究. 木材加工机械, 27(5): 44-48+28

关明杰, 张齐生. 2006. 竹材湿热效应的动态热机械分析. 南京林业大学学报(自然科学版), 30: 65-68

黄成建. 2015. 热处理毛竹材细胞壁结构及力学性能研究. 杭州: 浙江农林大学

黄艳辉, 费本华, 余雁, 等. 2009. 毛竹单根纤维力学性质. 中国造纸, 28(8): 10-12

黄艳辉, 费本华, 余雁, 等. 2011. 毛竹纵向力学性质的梯度变化及断口特征. 西北农林科技大学学报, 39(6): 217-222

黄振英. 2004. 马尾松正常木与应压木生长应力及材性的比较研究. 合肥: 安徽农业大学

江京辉. 2013. 过热蒸汽处理柞木性质变化规律及机理研究. 北京: 中国林业科学研究院

江泽慧, 吕文华, 费本华, 等. 2007. 3 种华南商用藤材的解剖特性. 林业科学, (1): 121-126

江泽慧, 萧江华, 许煌灿. 2002. 世界竹藤. 沈阳: 辽宁科学技术出版社

江泽慧, 于文吉, 余养伦. 2006. 竹材化学成分分析和表面性能表征. 东北林业大学学报, 34(4): 1-2

江泽慧, 余雁, 费本华, 等. 2004. 纳米压痕技术测量管胞次生壁 S2 层的纵向弹性模量和硬度. 林业科学, 40(2): 113-118

江泽慧. 2002. 世界竹藤. 沈阳: 辽宁科学技术出版社: 3

蒋建新, 杨中开, 朱莉伟, 等. 2008. 竹纤维结构及其性能研究. 北京林业大学学报, 30(1): 128-132

刘波. 2008. 毛竹发育过程中细胞壁形成的研究. 北京: 中国林业科学研究院

龙超, 郝丙业, 刘文斌, 等. 2008. 影响热处理木材力学性能的主要工艺因素. 木材工业, 22: 43-45

齐华春, 程万里, 刘一星. 2005. 高温高压过热蒸汽处理木材的力学特性及化学成分变化. 东北林业大学学报, 33: 44-46

任丹, 余雁. 2013. 木塑复合材料耐候性能研究进展. 世界林业研究, 26(6): 39-44

邵卓平, 张红为. 2009. 毛竹的纤维和基本组织的力学性质. 见: 中国林学会. 第三届全国生物质材料科学与技术学术研讨会论文集. 安徽黄山

申宗圻. 1993. 木材学. 北京: 中国林业出版社

汤颖, 李君彪, 沈钰程, 等. 2014. 热处理工艺对竹材性能的影响. 浙江农林大学学报, 31: 167-171

田根林, 王汉坤, 余雁, 等. 2010b. 微纤丝取向对木材细胞壁力学性能的影响研究. 纳米科技, 7(2): 63-66

田根林, 余雁, 王戈, 等. 2010a. 竹材表面超疏水改性的初步研究. 北京林业大学学报, 32(3): 166-169

田根林. 2015. 竹纤维力学性能的主要影响因素研究. 北京: 中国林业科学研究院

王汉坤, 余雁, 喻云水, 等. 2010a. 气干和饱水状态下毛竹 4 种力学性质的比较.林业科学, 46(10): 119-123
王汉坤, 喻云水, 余雁, 等. 2010b. 毛竹纤维饱和点随竹龄的变化规律. 中南林业科技大学学报, 30(2): 112-115
韦鹏练, 黄艳辉, 刘嵘, 等. 2017. 基于纳米红外技术的竹材细胞壁化学成分研究. 光谱学与光谱分析, 37(1): 103-108
谢存毅. 2000. 纳米压痕技术在材料科学中的应用. 实验技术, 30(7): 432-435
许斌, 蒋身学, 张齐生. 2003. 毛竹生长过程中纤维壁厚的变化. 南京林业大学学报, 27(4): 75-77
杨淑敏, 江泽慧, 任海青, 等. 2009. 毛竹材质生成过程中MFA的变化. 南京林业大学学报(自然科学版), 33(5): 73
杨云芳, 刘志坤. 1996. 毛竹材顺纹抗拉弹性模量及顺纹抗拉强度. 浙江林学院学报, 13(1): 21-27
叶民权. 1995. 竹维管束抗张强度之评估. 中华林业季刊, 9(1): 129-137
殷丽萍. 2015. 毛竹材纤维细胞壁动静态纳米力学性能研究. 杭州: 浙江农林大学
余雁, 费本华, 张波, 等. 2006. 零距拉伸技术评价木材管胞纵向抗拉强度. 林业科学, 42(7): 83-86
余雁, 江泽慧, 任海青, 等. 2003. 管胞细胞壁力学研究进展评述. 林业科学, 39(5): 133-139
余雁, 江泽慧, 任海青, 等. 2007. 针叶材管胞纵向零距抗张强度的影响因子研究. 中国造纸学报, 22(3): 72-76
余雁, 王戈, 费本华, 等. 2008. 植物短纤维专用力学性能测试仪的研制和开发. 见: 第二届全国生物质材料科学与技术学术研讨会论文集. 内蒙古呼和浩特
余雁. 2003. 人工林杉木管胞的纵向力学性质及其主要影响因子研究. 北京: 中国林业科学研究院
张齐生, 关明杰, 纪文兰. 2002. 毛竹材质生成过程中化学成分的变化. 南京林业大学学报(自然科学版), 26(2): 7-10
张双燕, 费本华, 余雁, 等. 2012. 木质素含量对木材单根纤维拉伸性能的影响. 北京林业大学学报, 34: 131-134
张双燕. 2011. 化学成分对木材细胞壁力学性能影响的研究. 北京: 中国林业科学研究院
赵广杰, 2002. 木材中的纳米尺度、纳米木材及木材-无机纳米复合材料. 北京林业大学学报, 24: 204-207
Abe H, Funada R, Ohtani J, *et al*. 1997. Changes in the arrangement of cellulose microfibrils associated with the cessation of cell expansion in tracheids. Trees, 11(6): 328-332
Ahvenainen P, Dixon P G, Kallonen A, *et al*. 2017. Spatially-localized bench-top X-ray scattering reveals tissue-specific microfibril orientation in Moso bamboo. Plant Methods, 13(1): 5
Aoyama M. 1996. Steaming treatment of bamboo grass. II. Characterization of solibilized hemicellulose and enzymatic digestibility of water-extracted residue. Cellulose Chemistry and Technology, 30: 385-393
Armstrong J P, Kyanka G H, Thorpe J L. 1977. S2 fibril angle and elastic modulus relationship of TMP Scotch Pine fibers. Wood Science, 10(2): 72-80
Bastani A, Adamopoulos S, Militz H. 2015. Water uptake and wetting behaviour of furfurylated, N-methylol melamine modified and heat-treated wood. European Journal of Wood and Wood Products, 73(5): 627-634
Bekhta P, Niemz P. 2003. Effect of high temperature on the change in color, dimensional stability and mechanical properties of spruce wood. Holzforschung, 57(5): 539-546
Bergander A, Salmen L. 2000a. The transverse elastic modulus of the native wood fibre wall. Journal of Pulp and Paper Science, 26(6): 234-238
Bergander A, Salmen L. 2000b. Variation in transverse fiber wall properties: relation between elastic properties and structure. Holzforschung , 54(6): 654-660
Bieke L, Joris V, Paul G. 2006. Variability in fibre and parenchyma cell walls of temperate and tropical bamboo culms of different ages. Wood Science and Technology, 40: 477-492
Brosse N, Hage R E, Chaouch M, *et al*. 2010. Investigation of the chemical modifications of beech wood lignin during heat treatment. Polymer Degradation and Stability, 95(9): 1721-1726

Burgert I, Eder M, Fruhmann K, *et al.* 2005a. Properties of chemically and mechanically isolated fibers of Spruce Part3: Mechanical characterisation. Holzforschung, 59: 354-357

Burgert I, Frühmann K, Keckes J, *et al.* 2003. Microtensile testing of wood fibers combined with video extensometry for efficient strain detection. Holzforschung, 57 (6) : 661-664

Burgert I, Fruhmann K, Keckes J, *et al.* 2005b. Properties of chemically and mechanically isolated fibers of Spruce Part 2: Twisting phenomena. Holzforschung, 59: 247-251

Burgert I, Gierlinger N, Zimmermann T. 2005c. Properties of chemically and mechanically isolated fibers of Spruce Part1: Structural and chemicalcharacterisation. Holzforschung, 59: 240-246

Burgert I, Keckes J, Fruhmann K, *et al.* 2002. A comparison of two techniques for wood fiber isolation- evaluation by tensile tests on single fibers with different microfibril angle. Plant Biology, 4: 9-12

Cao Y J, Jiang J H, Lu J X, *et al.* 2012. Color change of chinese fir through steam-heat treatment. Bioresources, 7(3): 2809-2819

Cave I D. 1966. Theory of X-rag measurement of microfibril angle in wood. For Prod J, 16: 37-43

Cave I D. 1968. The anisotropic elasticity of the plant cell wall. Wood Science and Technology, 2 (4) : 268-278

Cave I D. 1969. The longitudinal Young's modulus of Pinus radiata. Wood Science and Technology, 3 (1) : 40-48

Chen H, Yu Y, Zhong T, *et al.* 2017. Effect of alkali treatment on microstructure and mechanical properties of individual bamboo fibers. Cellulose, 24 (1) : 333-347

Chen Y, Cao F L, Gan X H. 2006. Protein Analysis in ginkgo calluses with different colors by electrophoresis and electron microscopy. Acta Botanica Boreali-Occidentalia Sinica, 26: 2239-2243

Chen Y, Gao J M, Fan Y M, *et al.* 2012. Heat-induced chemical and color changes of extractive-free black locust (*Robinia pseudoacacia*) wood. Bioresources, 7: 2236-2248

Cousins W J. 1976. Elastic modulus of lignin as related to moisture content. Wood Science and Technology, 10 (1) : 9-17

Cousins W J. 1978. Young's modulus of hemicellulose as related to moisture content. Wood Science and Technology, 12 (3) : 161-167

Crow E, Murphy R. 2000. Microfibril orientation in differentiating and maturing fibre and parenchyma cell walls in culms of bamboo (*Phyllostachys viridi-glaucescens* (Carr.) Riv. & Riv.) . Botanical Journal of the Linnean Society, 134 (1-2) : 339-359

Cui X L, Chen K J, Xing H B, *et al.* 2016. Pore chemistry and size control in hybrid porous materials for acetylene capture from ethylene. Science, 353: 141-144

Diouf P N, Stevanovic T, Cloutier A. 2009. Study on chemical composition, antioxidant and anti-inflammatory activities of hot water extract from Picea mariana bark and its proanthocyanidin-rich fractions. Food Chemistry, 113 (4) : 897-902

Dixon P G, Ahvenainen P, Aijazi A N, *et al.* 2015. Comparison of the structure and flexural properties of Moso, Guadua and Tre Gai bamboo. Construction and Building Materials, 90: 11-17

Dixon P G, Gibson L J. 2014. The structure and mechanics of Moso bamboo material. Journal of the Royal Society Interface, 11 (99) : 20140321

Donaldson L A, Singh A P, Yoshinaga A, *et al.* 1999. Lignin distribution in mild compression wood of *Pinus radiata*. Canadian Journal of Botany, 77 (1) : 41-50

Donaldson L A. 2001. Lignification and lignin topochemistry—an ultrastructural view. Phytochemistry, 57 (6) : 859-873

Eder M, Jungnikl K, Burgert I. 2009. A close-up view of wood structure and properties across a growth ring of Norway spruce (*Picea abies*[L]Karst.) . Trees, 23: 79-84

Ehrnrooth E, Kolseth P. 1984. The tensile testing of single wood pulp fibers in air and in water. Wood and Fiber Science, 16(4): 549-566

Ehrnrooth E, Kolseth P. The tensile testing of single wood pulp fibers in air and in water. Wood & Fiber Science Journal of the Society of Wood Science & Technology, 1984, 16(4): 549-566

Eichhorn S J, Baillie C A. 2001. Review: Current international research into cellulosic fibers and composites. Journal of Materials Science, 36: 2107-2131

Esteves B, Marques A V, Domingos I, *et al.* 2007. Influence of steam heating on the properties of pine (*Pinus pinaster*) and eucalypt (*Eucalyptus globulus*) wood. Wood Science and Technology, 41(3): 193-207

Farr F. 1989. Dreamings: The art of aboriginal Australia. African Arts, 22(3): 84-85

Fry S C. 1989. The structure and functions of xyloglucan. Journal of Experimental Botany, 40(1): 1-11

Gan X, Ding Y. 2006. Investigation on the variation of fiber wall in phyllostachys edulis culms. Forest Research, 19: 457-462

Gindl W, Gupta H S, Grunwald G. 2002. Lignification of spruce tracheids secondary cell wall related to longitudinal hardness and modulus of elasticity using nano-indentation. Canadian Journal of Botany, 80(10): 1029-1033

Gindl W, Gupta H S. 2002. Cell-wall hardness and Young's modulus of melamine-modified spruce wood by nano-indentation. Composites Part A Applied Science & Manufacturing, 33(8): 1141-1145

Gindl W, Schöberl T. 2004. The significance of the elastic modulus of wood cell walls obtained from nanoindentation measurements. Composites Part A: Applied Science and Manufacturing, 35(11): 1345-1349

Gritsch C S, Kleist G, Murphy R J. 2004. Developmental changes in cell wall structure of phloem fibres of the bamboo Dendrocalamus asper. Annals of Botany, 94(4): 497-505

Gritsch C S. 2005. Ultrastructure of Fibre and Parenchyma Cell Walls During Early Stages of Culm Development in Dendrocalamus asper. Annals of Botany, 95(4): 619-629

Groom L H, Mott L, Shaler S M. 2002a. Mechanical properties of individual southern pine fibers. Part I: Determination and variability of stress-strain curves with respect to tree height and juvenility. Wood and Fiber Science, 34(1): 14-27

Groom L H, Shaler S M, Mott L. 1995. The mechanical properties of individual lignocellulosic fibers. In the Proceedings of Woodfiber-Plastic Composite. Published by Forest Product Journal, Madison, WI: 33-40

Groom L H, Shaler S M, Mott L. 2002b. Mechanical properties of individual Southern Pine fibers. Part III: Global relationships between fiber properties and fiber location within an individual tree. Wood and Fiber Science, 34(2): 238-250

Habibi Y, Lucia L A, Rojas O J. 2010. Cellulose nanocrystals: chemistry, self-assembly, and afflication. Chemical Reviews, 110(6): 3479-3500

Hardacker K W. 1963. The automatic recording of the load-elongation characteristics of single papermaking fibers. Tappi, 45(3): 237-246

Hardacker K W. 1970. Effect of loading rate, span and beating on individual wood fiber tensile properties. Tappi Spec Tech, 8: 201-211

Harrington J J, Astley R J, Booker R. 1998. Modelling the elastic properties of softwood. Part I: The cell-wall lamellae. Holz als Roh-und Werkstoff, 56(1): 37-41

He X Q, Suzuki K, Kitamura S, *et al.* 2002. Toward understanding the different function of two types of parenchyma cells in bamboo culms. Plant Cell Physiol, 43: 186-195

Herrera R, Muszyńska M, Krystofiak T, *et al.* 2015. Comparative evaluation of different thermally modified wood samples finishing with UV-curable and waterborne coatings. Applied Surface Science, 357: 1444-1453

Hillis W E. 1984. Eucalypts for wood production [in Australia; eucalyptus; establishment; management]. Canberra, Australia: Commonwealth Scientific and Industrial Research Organization- Academic Press Australia

Hu K L, Huang Y H, Fei B H, *et al.* 2017. Investigation of the multilayered structure and microfibril angle of different types of bamboo cell walls at the micro/nano level using a LC-PolScope imaging system. Cellulose, 24(11): 4611-4625

Hu L, Lyu S Y, Fu F, *et al.* 2016. Preparation and properties of multifunctional thermochromic energy-storage wood materials. Journal of Materials Science, 51(5): 2716-2726

Huang X A, Kocaefe D, Kocaefe Y, *et al.* 2012a. Study of the degradation behavior of heat-treated jack pine (*Pinus banksiana*) under artificial sunlight irradiation. Polymer Degradation and Stability, 97(7): 1197-1214

Huang Y H, Fei B H, Wei P L, *et al.* 2016. Mechanical properties of bamboo fiber cell walls during the culm development by nanoindentation. Industrial Crops and Products, 92: 102-108

Huang Y H, Fei B H, Yu Y, *et al.* 2012b. Plant age effect on the mechanical properties of moso bamboo single fibers. Wood and Fiber Science, 44(2): 1-6

Huang Y H, Fei B H. 2017. Comparison of the mechanical characteristics of fibers and cell walls from moso bamboo and wood. BioResources, 12(4): 8230-8239

Irving B S. 1986. Microscopic observation during longitudinal compression loading of single pulp fibers. Tappi, 69: 98-102

Itoh T. 1990. Lignification of bamboo (*Phyllostachys heterocycla* Mitf.) during its growth. Holzforschung, 44: 191-200

Jayne B A. 1959. Mechanical properties of wood fiber. Tappi, 42(6): 461-467

Jentzen C A. 1964. The effect of stress applied during drying on some of the properties of individual pulp fibers. Tappi, 47(7): 412-418

Jiang Z H. 2007. Bamboo and rattan in the world. Beijing: China Forestry Publishing House

Kallmes O J . 1960. Distribution of the constiuents across the wall of unbleached Spruce sulfite fibers. Tappi, 43(2): 143-145

Karagöz S, Bhaskar T, Muto A, *et al.* 2005. Comparative studies of oil compositions produced from sawdust, rice husk, lignin and cellulose by hydrothermal treatment. Fuel, 84(7-8): 875-884

Keckes J, Burgert I, Frühmann K, *et al.* 2003. Cell-wall recovery after irreversible deformation of wood. Nature Materials, 2(12): 810-814

Kellogg R M, Wangaard F F. 1964. Influence of fiber strength on sheet properties of hardwood pulps. Tappi, 47(6): 361-367

Kersavage P C. 1973. A system for automatically recording the load-elongation characteristics of single wood fibers under controlled relative humidity conditions. Washington, DC: USDA. U S Government Printing Office

Khalil H P S A, Bhat I U H, Jawaid M, *et al.* 2012. Bamboo fibre reinforced biocomposites: a review. Mater Des, 42: 353-368.

Kishi K, Harada H, Saiki H. 1979. An electron microscopic study of the layered structure of the secondary wall in vessels. Journal of the Japan Wood Research Society (Mokuzai Gakkaishi), 25: 521-527

Klauditz W, Marschall A, Ginzel W. 1947. Zur Technology verholzter pflanzlicher Zellwande. Holzforschung, 1(4): 98-103

Koch P. 1985. Utilization of Hardwoods Growing on Southern Pine Sites–Volume 2. Agricultural Handbook SFES-AH-605, 605: 1419-2542

Koponen S, Toratti T, Kanerva P. 1989. Modelling longitudinal elastic an shrinkage properties of wood. Wood Science and Technology, 23 (1) : 55-63

Lahtela V, Kärki T. 2016. Effects of impregnation and heat treatment on the physical and mechanical properties of Scots pine (*Pinus sylvestris*) wood. Wood Material Science and Engineering, 11 (4) : 217-227

Le Duigou A, Bourmaud A, Baley C. 2015. In-situ evaluation of flax fibre degradation during water ageing. Industrial Crops and Products, 70: 204-210

Leopold B, Thorpe J L. 1968. Effect of pulping on strength properties of dry and wet pulp fibers from Norway Spruce.Tappi, 51 (7) : 304-308

Leopold B. 1966. Effect of pulp processing on individual fiber strength.Tappi, 49 (7) : 315-318

Li Y J, Xu B, Zhang Q S, *et al*. 2016. Present situation and the countemeasure analysis of bamboo timber processing industry in China. Journal of Forestry Engineering, 1 (1) : 2-7

Li Y J, Yin L P, Huang C J, *et al*. 2015. Quasi-static and dynamic nanoindentation to determine the influence of thermal treatment on the mechanical properties of bamboo cell walls. Holzforschung, 69 (7) : 909-914

Liang C Y, Marchessault R H. 1959. Infrared spectra of crystalline polysaccharides. I. Hydrogen bonds in native celluloses. Journal of Polymer Science, 37 (132) : 385-395

Liese W. 1998. The anatomy of bamboo culms, vol 18. Leiden: Brill Academic Publishers

Liese W. 1998. The anatomy of bamboo culms. International network for bamboo and rattan. Technical Report, 18: 7-99

Liese W. 2005. Preservation of a bamboo culm in relation to its structure. World Bamboo and Rattan, 3 (2) : 17-21

Lin J X, He X Q, Hu Y X, *et al*. 2002. Lignification and lignin heterogeneity for various age classes of bamboo (*Phyllostachys pubescens*) stems. Physiologia Plantarum, 114 (2) : 296-302

Liu B. 2008. Formation of cell wall in development culms of Phyllostachys pubescens. Ph. D. dissertation, Chinese Academy of Forestry, Beijing, China

Liu D G, Song J W, Anderson D P, *et al*. 2012. Bamboo fiber and its reinforced composites: Structure and properties. Cellulose, 19 (5) : 1449-1480

Liu Y P, Hu H. 2008. X-ray diffraction study of bamboo fibers treated with NaOH. Fibers and Polymers, 9 (6) : 735-739

Liu Z, Zhang F S, Wu J. 2010. Characterization and application of chars produced from pinewood pyrolysis and hydrothermal treatment. Fuel, 89 (2) : 510-514

Lou R, Wu S B, Lv G J. 2010. Effect of conditions on fast pyrolysis of bamboo lignin. Journal of Analytical and Applied Pyrolysis, 89 (2) : 191-196

Lybeer B, Koch G, Van Acker J, *et al*. 2006. Lignification and cell wall thickening in nodes of *Phyllostachys viridiglaucescens* and *Phyllostachys nigra*. Annals of botany, 97 (4) : 529-539

Lybeer B, Koch G. 2005. A topocuemical and semiquantitative study of the lignification during ageing of bamboo culms (*Phyllostachys viridiglaucescens*) . IAWA Journal, 26 (1) : 99-110

Marchessault R H, Liang C Y. 1962. The infrared spectra of crystalline polysaccharides. VIII. Xylans. Journal of Polymer Science, 59 (168) : 357-378

Mark R E , Gills P P. 1970. New models in cell wall mechanics. Wood and Fiber, 2 (2) : 79-95

Mark R E. 1967. Cell wall mechanics of trachieds. New Haven, Connecticut: Yale University Press

Mclntosh D C , Unrig L O. 1968. Effect of refining on load-elongation characteristics of Loblolly Pine holocellulose and unbleached kraft fifers. Tappi, 51 (6) : 265-273

Metsä-Kortelainen S, Antikainen T, Viitaniemi P. 2006. The water absorption of sapwood and heartwood of Scots pine and Norway spruce heat-treated at 170℃, 190℃, 210℃ and 230℃. Holz als Roh-und Werkstoff, 64 (3) : 192-197

Mott L, Groom L H, Shaler S M. 2002. Mechanical properties of individual Southern Pine fibers. Part II: Comparison of earlywood and latewood fibers with respect to tree height and juvenility. Wood Fiber and Science, 34 (2) : 221-237

Mott L, Shaler S M, Groom L H, *et al.* 1995. The tensile testing of individual wood fibers using environmental scanning electron microscopy and video image analysis. Tappi Journal, 78 (5) : 143-148

Mott L, Shaler S M, Groom L H. 1996. A technique to measure strain distribution in single wood pulp fibers. Wood and Fiber Science, 28 (4) : 429-437

Mott L. 1995. Micromechanical properties and fracture mechanism of single wood pulp fibers. Doctoral dissertation from Maine University, USA

Murphy R J, Alvin K L.1992. Variation in Fibre Wall Structure in Bamboo. IAWA Journal, 13 (4) : 403-410

Murphy R, Sulaiman O, Alvin K. 1997. Ultrastructural aspects of cell wall organization in bamboos. In: The Linnean Society Symposium. The Bamboos. London, Academic Press: 305-312

Navi P, Girardet F. 2000. Effects of thermo-hydro-mechanical treatment on the structure and properties of wood. Holzforschung, 54 (3) : 287-293

Navi P, Meylan B, Plummer C J G. 2006. Role of hydrogen bonding in wood stress relaxation under humidity variation. *In*: Proceedings of the International Conference on Integrated Approach to Wood Structure, Behaviour and Application: Joint Meeting of ESWM and COST Action E. 35. Florence, Italy: 92-97

Navi P, Rastogi P, Gresse V, *et al.* 1995. Micromechanics of wood subjected to axial tension. Wood Science and Technology, 29 (6) : 411-429

Navi P, Stanzltschegg S. 2009. Micromechanics of creep and relaxation of wood. A review. Holzforschung, 63: 186-195

Nishida M, Tanaka T, Miki T, *et al.* 2017. Multi-scale instrumental analyses for structural changes in steam-treated bamboo using a combination of several solid-state NMR methods. Industrial Crops and Products, 103: 89-98

Nogata F, Takahashi H. 1995. Intelligent functionally graded material: Bamboo. Composites Engineering, 5 (7) : 743-751

Okubo K, Fujii T, Yamamoto Y. 2004. Development of bamboo-based polymer composites and their mechanical properties.Composites Part A: Applied Science and Manufacturing, 35 (3) : 377-383

Oliver W C, Pharr G M. 1992. An improved technique for determining hardness and elastic modulus using load and displacement sensing indentation experiments. Journal of Materials Research, 7 (6) : 1564-1583

Page D H , El-Hosseiny F , Winkler K, *et al.* 1977. Elastic modulus of single wood pulp fibers. Tappi, 60 (4) : 114-117

Page D H, El-Hosseiny F, Winkler K. 1971. Behaviour of single wood fibres under axial tensile strain. Nature, 229 (5282) : 252-253

Page D H, El-Hosseiny F. 1983. The mechanical properties of single wood pulp fibres. Part VI: Fibril angle and the shape of the stress-strain curve. Journal of Pulp and Paper Science, 9: 99-100

Page D H, El-Hosseiny F, Winkler K, *et al.* 1972. The mechanical properties of single wood pulp. Part I: A new approach. Pulp and Paper Magazine of Canada, 73 (8) : 72-77

Parameswaran N, Liese W. 1976. On the fine structure of bamboo fibres. Wood Science and Technology, 10 (4) : 231-246

Parham R A, Côté W A. 1971. Distribution of lignin in normal and compression wood of Pinus taeda L. Wood Science and Technology, 5 (1) : 49-62

Patel T R, Harding S E, Ebringerova A, *et al.* 2007. Weak self-association in a carbohydrate system. Biophysical Journal, 93 (3) : 741-749

Poletto M, Zattera A J, Forte M M C, *et al.* 2012. Thermal decomposition of wood: Influence of wood components and cellulose crystallite size. Bioresource Technology, 109: 148-153

Preston R D, Singh K. 1950. The fine structure of bamboo fibres: I. Optical properties and X-ray data. Journal of Experimental Botany, 1 (2) : 214-226

Ray D, Sarkar B K, Rana A K *et al*. 2001. Effect of alkali treated jute fibres on composite properties. Bulletin of Materials Science, 24 (2) : 129-135

Ren D, Wang H, Yu Z, *et al*. 2015. Mechanical imaging of bamboo fiber cell walls and their composites by means of peakforce quantitative nanomechanics (PQNM) technique. Holzforschung, 69: 975-984

Rietz R C, Torgeson O W. 1937. Kiln temperatures for northern white pine cones. Journal of Forestry, 35 (9) : 836-839

Rowe D J, Yan J G, Zhang L L, *et al*. 2011. The precentive effects of apolipoprotein mimetic D-4F from uibration injury-experiment in rats. Hand, 6 (1) : 64-70

Rühlemann F. 1925. Beiträge zur Ermittlung des Einflusses der Chlorkalkbleiche auf die technologischen Eigenschaften von Zellstoff-fasern der Papierindustrie: Technischen Hochschule Dresden

Sakurada I, Nukushina Y, Ito T. 1962. Experimental determination of the elastic modulus of crystalline regions in oriented polymers. Journal of Polymer Science, 57 (165) : 651-660

Salmén L, Burgert I. 2009. Cell wall features with regard to mechanical performance. A review COST Action E35 2004-2008: Wood machining–micromechanics and fracture. Holzforschung, 63 (2) : 121-129

Salmén L. 2004. Micromechanical understanding of the cell-wall structure. Comptes Rendus Biologies, 327 (9-10) : 873-880

Sasaki M, Adschiri T, Arai K. 2003. Fractionation of sugarcane bagasse by hydrothermal treatment. Bioresource Technology, 86 (3) : 301-304

Scheller H V, Ulvskov P. 2010. Hemicelluloses. Annu Rev Plant Biol, 61 (1) : 263-289

Schwanninger M, Rodrigues J C, Pereira H, *et al*. 2004. Effects of short-time vibratory ball milling on the shape of FT-IR spectra of wood and cellulose. Vibrational Spectroscopy, 36 (1) : 23-40

Sedighi-Gilani M, Navi P. 2007. Experimental observations and micromechanical modeling of successive-damaging phenomenon in wood cells' tensile behavior. Wood Science and Technology, 41: 69-85

Shaler S M, Egan A, Mott L, *et al*. 1997. Fracture and Micromachanics of resinated fibers. The Fourth International Conference on Woodfiber-Plastic Composites. Madison, WI: 32-39

Shaler S M, Groom L H, Mott L. 1996. Microscopic analysis of wood fibers using ESEM and confocal microscopy. Proceeding of the Woodfiber-Plastic Composites, 25: 32

Shao S L, Jin Z F, Wen G F, *et al*. 2009. Thermo characteristics of steam-exploded bamboo (*Phyllostachys pubescens*) lignin. Wood Science and Technology, 43 (7-8) : 643-652

Sharma R K, Wooten J B, Baliga V L, *et al*. 2004. Characterization of chars from pyrolysis of lignin. Fuel, 83 (11-12) : 1469-1482

Shi J T, Lu Y, Zhang Y L, *et al*. 2018. Effect of thermal treatment with water, H_2SO_4 and NaOH aqueous solution on color, cell wall and chemical structure of poplar wood. Scientific Reports, 8 (1) : 17735

Sing K S W. 1985. Reporting physisorption data for gas/solid systems with special reference to the determination of surface area and porosity (Recommendations 1984) . Pure and Applied Chemistry, 57 (4) : 603-619

Song J W, Chen C J, Zhu S Z, *et al*. 2018. Processing bulk natural wood into a high-performance structural material. Nature, 554 (7691) : 224

Spurr A R. 1969. A low viscosity epoxy resin embedding medium for electron microsoope. Journal of Ultrastructure Research, 26: 31-43

Stevanic J S, Salmén L. 2009. Orientation of the wood polymers in the cell wall of spruce wood fibres. Holzforschung, 63(5): 497-503

Takagi H, TAKuRA R, Ichihara Y, *et al.* 2003. The mechanical properties of bamboo fibers prepared by steam-explosion method. Journal of the Society of Materials Science, Japan, 52(4): 353-356

Tamolang F N, Wangaard F F. 1967. Strength and stiffness of hardwood fibers. Tappi, 50(2): 68-72

Thomsen M H, Thygesen A, Thomsen A B. 2008. Hydrothermal treatment of wheat straw at pilot plant scale using a three-step reactor system aiming at high hemicellulose recovery, high cellulose digestibility and low lignin hydrolysis. Bioresource Technology, 99(10): 4221-4228

Timell T E. 1967. Recent progress in the chemistry of wood hemicelluloses. Wood Science and Technology, 1(1): 45-70

Tjeerdsma B F, Militz H. 2005. Chemical changes in hydrothermal treated wood: FTIR analysis of combined hydrothermal and dry heat-treated wood. Holz als Roh-und Werkstoff, 63(2): 102-111

Tono T, Ono K. 1962. Research on the morphological structure and physical properties of bamboo fibers for paper making. II. The layered structure and its morphological transformation by acid treatment. Mokuzai Gakkaishi, 8:245-252

Tze W T Y, Wang S Q, Rials T G, *et al.* 2007. Nanoindentation of wood cell walls: Continuous stiffness and hardness measurements. Composites: Part A, 38: 945-953

Van Nguyen T H, Nguyen T T, Ji X, *et al.* 2018. Enhanced bonding strength of heat-treated wood using a cold atmospheric-pressure nitrogen plasma jet. European Journal of Wood and Wood Products, 76(6): 1697-1705

Wai N N, Nanko H, Murakami K. 1985. A morphological study on the behavior of bamboo pulp fibers in the beating process. Wood Science and Technology, 19(3): 211-222

Wang H K, Zhang X X, Jiang Z H, *et al.* 2015. A comparison study on the preparation of nanocellulose fibrils from fibers and parenchymal cells in bamboo (*Phyllostachys pubescens*). Industrial Crops and Products, 71: 80-88

Wang S Q, Lee S H, Tze W T Y, *et al.* 2006. Nanoindentation as a tool for understanding nano-mechanical properties of cell wall and biecompesites. International Conference on Nanotechnology, Marriott Marquis, Atlanta, GA, April: 26-28

Wang X Q, Li X Z, Ren H Q. 2010. Variation of micro fibrol angle and density in moso bamboo (*Phyllostachys pubescens*). J Trop For Sci, 22(1): 88-96

Wang X, Deng Y, Li Y, *et al.* 2016a. In situ identification of the molecular-scale interactions of phenol-formaldehyde resin and wood cell walls using in frared nanospectroscopy. KSC Advances, 6(80): 76318-76324

Wang X, Keplinger T, Gierlinger N, *et al.* 2014. Plant material features responsible for bamboo's excellent mechanical performance: acomparison of tensile properties of bamboo and spruce at the tissue, fibre and cell wall levels. Ann Bot London, 114: 1627-1635

Wang X, Li Y, Deng Y, *et al.* 2016b. Contributions of basic chemical components to the mechanical behavior of wood fiber cell walls as evaluated by nanoindentation. BioResources, 11(3): 6026-6039

Wang X, Ren H, Zhang B, *et al.* 2012a. Cell wall structure and formation of maturing fibres of moso bamboo (*Phyllostachys pubescens*) increase buckling resistance. Journal of the Royal Society Interface, 9(70): 988-996

Wang Y, Leppänen K, Andersson S, *et al.* 2012b. Studies on the nanostructure of the cell wall of bamboo using X-ray scattering. Wood Science and Technology, 46(1-3): 317-332

Wimmer R, Lucas B N, Tsui T Y, *et al.* 1997. Longitudinal hardness and Young's modulus of spruce tracheid secondary walls using nanoindentation technique. Wood Science and Technology, 31(2): 131-141

Windeisen E, Strobel C, Wegener G. 2007. Chemical changes during the production of thermo-treated beech wood. Wood Science and Technology, 41(6): 523-536

Wu Y, Wang S Q, Zhou D G, *et al.* 2009. Use of nanoindentation and silviscan to determine the mechanical properties of 10 hardwood species. Wood and Fiber Science, 41 (1) : 64-73

Wu Y, Wang S Q, Zhou D G, *et al.* 2010. Evaluation of nanomechanical properties of agricultural crops by nanoindentation. Bioresource Technology, 101 (8) : 2867-2871

Xing C, Wang S Q, George M P, *et al.* 2008. Effect of thermo-mechanical refining pressure on the properties of wood fibers. Holzforschung, 62: 230-236

Xu Y Q, Luo C, Zheng Y, *et al.* 2016. Macropore-stabilized limestone sorbents prepared by the simultaneous hydration–impregnation method for high-temperature CO_2 capture. Energy and Fuels, 30 (4) : 3219-3226

Yamamoto H, Kojima Y. 2002. Properties of cell wall constituents in relation to longitudinal elasticity of wood. Wood Science and Technology, 36 (1) : 55-74

Yang H P, Yan R, Chen H P, *et al.* 2007. Characteristics of hemicellulose, cellulose and lignin pyrolysis. Fuel, 86 (12-13) : 1781-1788

Yang Q, Pan X J. 2016. Correlation between lignin physicochemical properties and inhibition to enzymatic hydrolysis of cellulose. Biotechnology and Bioengineering, 113 (6) : 1213-1224

Youssef H, Lucia L A, Rojas O J. 2010. Cellulose nanocrystals: chemistry, self-assembly, and applications. Chemical Reviews, 110 (6) : 3479-3500

Yu Y, Fei B H, Zhang B, *et al.* 2007. Cell-wall mechanical properties of bamboo investigated by in-situ imaging nanoindentation. Wood and Fiber Science, 39 (4) : 527-535

Yu Y, Jiang Z H, Fei B H, *et al.* 2011a. An improved microtensile technique for mechanical characterization of short plant fibers: A case study on bamboo fibers. Journal of Materials Science, 46 (3) : 739-746

Yu Y, Rowe R K. 2012. Improved Solutions for Porosity and Specific Surface of a Uniform Porous Medium with Attached Film. Journal of Environmental Engineering, 138 (4) : 436-445

Yu Y, Tian G L, Wang H K, *et al.* 2011b. Mechanical characterization of single bamboo fibers with nanoindentation and microtensile technique. Holzforschung, 65: 113-119

Yu Y, Wang H K, Lu F, *et al.* 2014. Bamboo fibers for composite applications: A mechanical and morphological investigation. Journal of Materials Science, 49 (6) : 2559-2566

Zakzeski J, Jongerius A L, Weckhuysen B M. 2010. Transition metal catalyzed oxidation of Alcell lignin, soda lignin, and lignin model compounds in ionic liquids. Green Chemistry, 12 (7) : 1225-1236

Zauer M, Kretzschmar J, Großmann L, *et al.* 2014. Analysis of the pore-size distribution and fiber saturation point of native and thermally modified wood using differential scanning calorimetry. Wood Science and Technology, 48 (1) : 177-193

Zhang Q S, Guan M J, Ji W L. 2002. Variation of Moso bamboo chemical compositions during mature growing period. Journal of Nanjing Forestry University (Natural Sciences Edition), 26 (2) : 7-10

Zhang T, Bai S L, Zhang Y F, *et al.* 2012. Viscoelastic properties of wood materials characterized by nanoindentation experiments. Wood science and technology, 46 (5) : 1003-1016

Zou L H, Jin H, Lu W Y, *et al.* 2009. Nanoscale structural and mechanical characterization of the cell wall of bamboo fibers. Materials Science and Engineering C, 29: 1375-1379

编 后 记

《博士后文库》是汇集自然科学领域博士后研究人员优秀学术成果的系列丛书。《博士后文库》致力于打造专属于博士后学术创新的旗舰品牌，营造博士后百花齐放的学术氛围，提升博士后优秀成果的学术和社会影响力。

《博士后文库》出版资助工作开展以来，得到了全国博士后管委会办公室、中国博士后科学基金会、中国科学院、科学出版社等有关单位领导的大力支持，众多热心博士后事业的专家学者给予积极的建议，工作人员做了大量艰苦细致的工作。在此，我们一并表示感谢！

《博士后文库》编委会